Hesse/Schrader

Die überzeugende schriftliche Bewerbung

Bewerbungsanschreiben und Lebenslauf erfolgreich formulieren und optimal gestalten

berufsstrategie

Eichborn

Die Autoren
Jürgen Hesse, Jahrgang 1951, geschäftsführender Diplompsychologe im Büro für Berufsstrategie, Berlin.
Hans Christian Schrader, Jahrgang 1952, Diplompsychologe in Berlin.

Anschrift der Autoren
Büro für Berufsstrategie
Hesse/Schrader
Oranienburger Straße 4-5
10178 Berlin
Tel. 0 30 – 28 88 57-0
Fax 0 30 – 28 88 57-36
www.berufsstrategie.de

3. Auflage 2010

Umschlaggestaltung: Christina Hucke
Satz: Fotosatz Reinhard Amann, Aichstetten
Druck und Bindung: Fuldaer Verlagsanstalt
ISBN 978-3-8218-5954-5

Eichborn Verlag, Kaiserstraße 66, D-60329 Frankfurt am Main
Mehr Informationen zu Büchern und Hörbüchern aus dem Eichborn Verlag finden Sie unter www.eichborn.de

Inhalt

Fast Reader – Übersicht für eilige Leser

Herzlichen Glückwunsch! Mit diesem Buch investieren Sie in Ihre berufliche Zukunft. Hier halten Sie das aktuelle Spezialwissen für Ihre überzeugende und erfolgreiche schriftliche Bewerbung in der Hand. Wir zeigen Ihnen mit Beispielen und Anregungen aus der Praxis, worauf es wirklich ankommt, damit sich Ihre Bewerbungsunterlagen positiv von der Masse unterscheiden und beim Personalchef eine Einladung zum Vorstellungsgespräch auslösen.

Es geht um

- die richtige Vorbereitung auf Ihr Vorhaben (S. 9)
- das Interesse auslösende Bewerbungsanschreiben (S. 75)
- die überzeugende Lebenslaufdarstellung, selbst wenn es Lücken gibt (S. 50)
- die optimal für Sie sprechenden Anlagen (S. 84)
- die beeindruckende Präsentation Ihrer Unterlagen (S. 163)
- die neuen elektronischen Formen wie E-Mail und Online-Bewerbung (S. 89)

Außerdem erfahren Sie,

- wie hilfreich Telefon und Internet bei der Bewerbung sein können (S. 25)
- wie Sie Ihre Unterlagen absolut überzeugend und ganz anders präsentieren (S. 106)
- wie es gelingt, eine Absage in eine Einladung zum Vorstellungsgespräch umzuwandeln (S. 167)
- mittels zahlreicher Leitfäden kurz und präzise, worauf Sie wirklich achten sollten

Als professionelle Berater mit mehr als 20 Jahren Erfahrung in der täglichen Bewerbungspraxis wissen wir, was Sie wirklich weiterbringt, und verraten Ihnen alle Tricks und Kniffe für die überzeugende Präsentation Ihrer Unterlagen.

Ihre Bewerbung – und was sie erfolgreich macht

Kaum ein Arbeitsplatz wird ohne vorherige schriftliche Bewerbung vergeben. Und Sie sind gerade dabei, sich das Fachwissen darüber anzueignen, wie eine solche (Be-)Werbung in eigener Sache aussehen sollte. Betrachten Sie dieses Buch als Wegweiser für Ihre Berufs- und Karriereplanung, besonders aber als Mittel, sich positiv von der Vielzahl der schriftlichen Bewerbungen abzuheben.

Bevor wir uns konkret mit Ihrer schriftlichen Bewerbung beschäftigen, werden wir Ihnen kurz die Überlegungen vorstellen, die Sie vor dem eigentlichen Bewerbungsprozess anstellen sollten.

Dieser Prozess ist zu bedeutsam, um ihn auszulassen, denn: Ihre Arbeitszeit ist wertvolle Lebenszeit. Fast ein Drittel Ihres Daseins sind Sie in Ihrem Job tätig. Trotzdem bringen die meisten Menschen bei der Wahl des Arbeitsplatzes nicht den Bruchteil der Sorgfalt und Überlegung auf, die sie bei der Wahl ihres Partners oder sogar ihres Autos einsetzen.

Wir werden Ihnen helfen, Ihr Ziel zu erreichen, aufgrund von bestechenden Bewerbungsunterlagen dem von Ihnen gewünschten Arbeitsplatz einen Riesenschritt näher zu kommen. Denn: Die richtige – die erfolgreiche – Bewerbungsstrategie ist erlernbar.

Vorbereitung – so erreichen Sie Ihr Ziel

Vergleichen Sie Ihr Bewerbungsvorhaben einmal mit folgender Situation: Sie haben sich verliebt und laden das Objekt Ihrer Wahl nach Hause zum Essen ein. Sie wollen kochen, finden aber nur ganz bestimmte Zutaten vor. Welches Gericht können Sie damit zubereiten? Sie versuchen, sich in Ihren Gast hineinzuversetzen: Mag er/sie es wohl scharf, mediterran oder asiatisch-vegetarisch? Aus den vorhandenen Zutaten suchen Sie die passenden aus, überlegen, wie Sie würzen, wie Sie das Essen anrichten und wie Sie den Tisch decken.

Die Person, die Sie für sich gewinnen wollen, ist Ihr potenzieller Arbeitgeber, die vorhandenen Zutaten sind Ihre Fähigkeiten, Ihre berufliche Erfahrung – kurzum Ihre Kompetenzen –, Ihr Gericht ist Ihre Bewerbung – die Dekoration Ihre Bewerbungsmappe. Und genauso wichtig, wie die Zutaten zusammenzustellen, die Sie für das Essen verwenden wollen, sodass die Dekoration zum Menü passt und Ihren Gast beeindruckt, ist, dass Sie sich vorab intensiv mit Ihrer Person und Ihren Fähigkeiten beschäftigen. Erst dann können Sie entscheiden, wie Sie Ihre Bewerbung für den potenziellen Arbeitgeber aufbauen und welches Foto Sie von sich auswählen.

Zu diesen ersten wichtigen Schritten im Bewerbungsprozess, zu Ihren »Zutaten«, d.h. Ihrem Potenzial, Ihren Fähigkeiten und Fertigkeiten, finden Sie Unmengen an Lektüre. In diesem Buch stellen wir Ihnen in komprimierter Form die wichtigsten Fragestellungen vor; wenn Sie sich noch intensiver damit auseinandersetzen wollen, finden Sie im Anhang diverse Literaturhinweise.

Wenn Sie sich schon sicher sind, bei wem Sie sich für welche Position bewerben möchten und nur Unterstützung für eine professionelle und überzeugende Bewerbungsmappe brauchen, umso besser. Ab Seite 39 erklären wir Ihnen klar und logisch, wie Sie dieses Ziel erreichen.

Dennoch sollten Sie den folgenden Seiten eine gewisse Aufmerksamkeit widmen: sei es auch nur, um »abzuhaken«, mit was Sie sich bereits beschäftigt haben.

Ihre Selbsteinschätzung

Dieser Abschnitt wird Ihnen helfen, sich selbst besser einzuschätzen und Ihren persönlichen Standort zu bestimmen. Nehmen Sie sich etwas Zeit und führen Sie die Übungen sorgfältig durch.

Die elementaren Fragen

1. Was für Werte habe ich?
2. Was für ein Mensch bin ich?
3. Was kann ich?
4. Was tue ich gern?
5. Was will ich?
6. Was ist möglich?

Die Beantwortung dieser Fragen ist ein Schlüssel zu Ihrer Persönlichkeit, Ihrer Leistungsmotivation, Ihrer Kompetenz, Ihren Zielvorstellungen und Chancen. Die gewonnenen Erkenntnisse werden Sie dabei unterstützen, den Arbeitsplatz zu finden, der zu Ihnen passt und sich in Ihre Lebenszielplanung optimal integriert.

1. Was für Werte habe ich?

Hier geht es um Ihre grundlegende Einstellung zum Leben, um Ihre Wertvorstellungen und Motive. Notieren Sie,

- was für Sie im Leben wichtig ist
- was für Werte und Ziele Sie haben
- was Sie antreibt, was Ihre persönlichen Motive sind, um eine bestimmte Arbeit zu machen
- worin Sie den speziellen Sinn Ihres (Berufs-) Lebens sehen

Wichtig: Wählen Sie aus diesen Kriterien die Punkte aus, die Ihnen im Zusammenhang mit Ihrem nächsten Arbeitsplatz wesentlich oder sogar unverzichtbar erscheinen. Fragen Sie sich, ob Sie mit Ihrem Job hohe Anerkennung, Respekt, materielle Sicherheit oder Unabhängigkeit anstreben; ob es Ihnen um Macht und Einfluss geht, um Kontakte zu anderen Menschen oder um geistige Anregungen. Nur so können Sie herausfinden, was Sie langfristig motiviert und zufrieden macht.

Zum Beispiel: Wenn Sie mittelfristig mehr Freizeit anstreben, um sich Ihrer Familie widmen zu können, und Ihre Hobbys ausleben möchten, wäre eine Bewerbung in einer kleinen Werbeagentur nicht sehr sinnvoll. In diesem kreativen, herausfordernden Umfeld sind Ihre Arbeitszeiten vermutlich unregelmäßig und Ihr persönlicher Einsatz sicherlich extrem hoch.

Wenn Ihnen der Umweltschutz am Herzen liegt und Sie aus Überzeugung stets Bio-Produkte kaufen, sollten Sie überlegen, ob Sie in der Chemiebranche glücklich werden.

Eine Bewerbung im öffentlichen Dienst macht natürlich wenig Sinn, wenn Sie schnell Karriere machen wollen, um deutlich Einfluss ausüben zu können.

2. Was für ein Mensch bin ich?

Jetzt geht es darum, Ihre Persönlichkeit, Ihren Charakter und damit verbundene Eigenschaften, aber auch Fähigkeiten näher zu bestimmen. Benennen Sie zum Einstieg innerhalb einer Minute spontan drei Adjektive, die wichtige Merkmale Ihrer Persönlichkeit zutreffend charakterisieren. Bitte ergänzen Sie:

Ich bin:

1. ______________________
2. ______________________
3. ______________________

Beschreiben diese Adjektive wirklich zentrale Eigenschaften Ihrer Persönlichkeit? Und können Sie sich einer anderen Person mit dieser spontanen Auswahl stimmig präsentieren?

Für eine detaillierte Selbsteinschätzung haben wir für Sie eine umfangreiche Liste von Persönlichkeitsmerkmalen zusammengestellt. Wenn Sie sich über die Frage »Was für ein Mensch bin ich?« Gedanken machen, werden Sie merken, dass sich Ihre psychische Ausgangsposition festigt und Sie besser wissen, was beruflich zu Ihnen passt und was nicht. Denken Sie daran: Sie müssen bei dieser Selbstbeurteilungsliste nicht gut abschneiden und sich niemandem gegenüber rechtfertigen. Es geht allein um Ihre persönliche Einschätzung.

In einem zweiten Schritt können Sie eine (oder mehrere) Person(en) Ihres Vertrauens bitten, die (zuvor kopierte) Seite ebenfalls auszufüllen, mit der Einschätzung, die diese Person von Ihnen hat. Der Vergleich beider Ergebnisse liefert Ihnen interessante Aufschlüsse über mögliche Differenzen von Selbst- und Fremdwahrnehmung.

Vielleicht wirken Sie viel furchtloser, als Sie sind. Oder Sie halten sich nicht für besonders ordentlich, werden aber als gut organisiert wahrgenommen – sicherlich erleben Sie kleine Überraschungen. Für eine realistische Einschätzung bilden Sie hinterher einen Mittelwert.

Zu Ihrer Selbstbeurteilung: Um die Ausprägung einzelner Eigenschaften besser einschätzen zu können, gibt es für jedes Adjektiv eine Skala von –3 (kaum vorhanden) bis +3 (sehr stark ausgeprägt).

Wie schätzen Sie sich ein? Kreuzen Sie bei jeder Eigenschaft an, wie ausgeprägt diese bei Ihnen ist:

+3 = sehr stark ausgeprägt
+2 = deutlich ausgeprägt
+1 = ausgeprägt
0 = teils/teils
–1 = weniger ausgeprägt
–2 = schwach ausgeprägt
–3 = sehr schwach ausgeprägt

sympathisch	–3	–2	–1	0	+1	+2	+3
vertrauenswürdig	–3	–2	–1	0	+1	+2	+3
vorsichtig	–3	–2	–1	0	+1	+2	+3
lernbereit	–3	–2	–1	0	+1	+2	+3
lernfähig	–3	–2	–1	0	+1	+2	+3
vertrauensvoll	–3	–2	–1	0	+1	+2	+3
leistungsorientiert	–3	–2	–1	0	+1	+2	+3
sorgfältig	–3	–2	–1	0	+1	+2	+3
aufgeschlossen	–3	–2	–1	0	+1	+2	+3
belastbar	–3	–2	–1	0	+1	+2	+3
ausdauernd	–3	–2	–1	0	+1	+2	+3
zufrieden	–3	–2	–1	0	+1	+2	+3
aggressiv	–3	–2	–1	0	+1	+2	+3
konformistisch	–3	–2	–1	0	+1	+2	+3
dominant	–3	–2	–1	0	+1	+2	+3
gerecht	–3	–2	–1	0	+1	+2	+3
verlässlich	–3	–2	–1	0	+1	+2	+3
wankelmütig	–3	–2	–1	0	+1	+2	+3
zielstrebig	–3	–2	–1	0	+1	+2	+3
geduldig	–3	–2	–1	0	+1	+2	+3
gehemmt	–3	–2	–1	0	+1	+2	+3
vital	–3	–2	–1	0	+1	+2	+3
zweifelnd	–3	–2	–1	0	+1	+2	+3
kompetent	–3	–2	–1	0	+1	+2	+3
flexibel	–3	–2	–1	0	+1	+2	+3
aktiv	–3	–2	–1	0	+1	+2	+3
wagemutig	–3	–2	–1	0	+1	+2	+3
gefühlsbetont	–3	–2	–1	0	+1	+2	+3
anspruchsvoll	–3	–2	–1	0	+1	+2	+3
passiv	–3	–2	–1	0	+1	+2	+3
liebenswürdig	–3	–2	–1	0	+1	+2	+3
gefühlsorientiert	–3	–2	–1	0	+1	+2	+3
impulsiv	–3	–2	–1	0	+1	+2	+3
durchsetzungsfähig	–3	–2	–1	0	+1	+2	+3
ängstlich	–3	–2	–1	0	+1	+2	+3
sachorientiert	–3	–2	–1	0	+1	+2	+3
fordernd	–3	–2	–1	0	+1	+2	+3
höflich	–3	–2	–1	0	+1	+2	+3

autoritär	–3	–2	–1	0	+1	+2	+3
pflichtbewusst	–3	–2	–1	0	+1	+2	+3
verantwortungsbewusst	–3	–2	–1	0	+1	+2	+3
zuverlässig	–3	–2	–1	0	+1	+2	+3
freundlich	–3	–2	–1	0	+1	+2	+3
glücklich	–3	–2	–1	0	+1	+2	+3
nervös	–3	–2	–1	0	+1	+2	+3
rechthaberisch	–3	–2	–1	0	+1	+2	+3
ordnungsliebend	–3	–2	–1	0	+1	+2	+3
ehrlich	–3	–2	–1	0	+1	+2	+3
loyal	–3	–2	–1	0	+1	+2	+3
schwermütig	–3	–2	–1	0	+1	+2	+3
begeisterungsfähig	–3	–2	–1	0	+1	+2	+3
optimistisch	–3	–2	–1	0	+1	+2	+3
wählerisch	–3	–2	–1	0	+1	+2	+3
hartnäckig	–3	–2	–1	0	+1	+2	+3
entscheidungsfreudig	–3	–2	–1	0	+1	+2	+3
spontan	–3	–2	–1	0	+1	+2	+3
praktisch	–3	–2	–1	0	+1	+2	+3
beherrscht	–3	–2	–1	0	+1	+2	+3
risikobereit	–3	–2	–1	0	+1	+2	+3
selbstsicher	–3	–2	–1	0	+1	+2	+3
sensibel	–3	–2	–1	0	+1	+2	+3
selbstständig	–3	–2	–1	0	+1	+2	+3
offen	–3	–2	–1	0	+1	+2	+3
willensstark	–3	–2	–1	0	+1	+2	+3
zurückgezogen	–3	–2	–1	0	+1	+2	+3
misstrauisch	–3	–2	–1	0	+1	+2	+3
leidenschaftlich	–3	–2	–1	0	+1	+2	+3
unkompliziert	–3	–2	–1	0	+1	+2	+3
fortschrittlich	–3	–2	–1	0	+1	+2	+3
überzeugungsstark	–3	–2	–1	0	+1	+2	+3
verständnisvoll	–3	–2	–1	0	+1	+2	+3
kontaktfähig	–3	–2	–1	0	+1	+2	+3
verlässlich	–3	–2	–1	0	+1	+2	+3
schlagfertig	–3	–2	–1	0	+1	+2	+3
gründlich	–3	–2	–1	0	+1	+2	+3
ausgeglichen	–3	–2	–1	0	+1	+2	+3

kreativ	–3	–2	–1	0	+1	+2	+3
erfinderisch	–3	–2	–1	0	+1	+2	+3
selbstbewusst	–3	–2	–1	0	+1	+2	+3
introvertiert	–3	–2	–1	0	+1	+2	+3
extravertiert	–3	–2	–1	0	+1	+2	+3
anpassungsfähig	–3	–2	–1	0	+1	+2	+3
humorvoll	–3	–2	–1	0	+1	+2	+3
konservativ	–3	–2	–1	0	+1	+2	+3
präzise	–3	–2	–1	0	+1	+2	+3
besorgt	–3	–2	–1	0	+1	+2	+3
nachdenklich	–3	–2	–1	0	+1	+2	+3
kooperativ	–3	–2	–1	0	+1	+2	+3
unerschütterlich	–3	–2	–1	0	+1	+2	+3
problembewusst	–3	–2	–1	0	+1	+2	+3
beliebt	–3	–2	–1	0	+1	+2	+3
vernünftig	–3	–2	–1	0	+1	+2	+3
teamfähig	–3	–2	–1	0	+1	+2	+3
ausgeglichen	–3	–2	–1	0	+1	+2	+3
kommunikativ	–3	–2	–1	0	+1	+2	+3
integrationsfähig	–3	–2	–1	0	+1	+2	+3
herzlich	–3	–2	–1	0	+1	+2	+3
ruhig	–3	–2	–1	0	+1	+2	+3
kompromissbereit	–3	–2	–1	0	+1	+2	+3
tolerant	–3	–2	–1	0	+1	+2	+3
zuhörbereit	–3	–2	–1	0	+1	+2	+3
selbstkritisch	–3	–2	–1	0	+1	+2	+3
kränkbar	–3	–2	–1	0	+1	+2	+3
hilfsbereit	–3	–2	–1	0	+1	+2	+3
einfühlsam	–3	–2	–1	0	+1	+2	+3
berechenbar	–3	–2	–1	0	+1	+2	+3
gelassen	–3	–2	–1	0	+1	+2	+3
zwanghaft	–3	–2	–1	0	+1	+2	+3
gütig	–3	–2	–1	0	+1	+2	+3
selbstironisch	–3	–2	–1	0	+1	+2	+3
…	–3	–2	–1	0	+1	+2	+3
…	–3	–2	–1	0	+1	+2	+3
…	–3	–2	–1	0	+1	+2	+3

In dieser Liste sind positive und negative Eigenschaften aufgeführt. Sympathisch und aktiv möchte jeder sein; rechthaberisch und aggressiv eher niemand. Bei anderen Adjektiven ist die Beurteilung schwieriger. Für einen Programmierer ist »sehr stark zurückgezogen« kein Berufshindernis, ein Journalist dagegen wird mit der gleichen Eigenschaft bei seiner Bewerbung eher erfolglos sein.

Bedenken Sie: Welche Eigenschaften sind für den Arbeitsplatz und die Aufgabenstellung, um die Sie sich bewerben, wichtig? Wonach werden Firmenchefs Sie fragen, welche Eigenschaften sind aus deren Sicht für diese Position wünschenswert? Gehen Sie die Liste noch einmal durch, und kreuzen Sie mit einem andersfarbigen Stift die Eigenschaften an, die in Ihrem Berufsfeld wichtig sind.

3. Was kann ich?

Nun geht es um die Klärung Ihrer vorhandenen »Zutaten«, Ihrer beruflichen und außerberuflichen Fähigkeiten und Fertigkeiten:

- Welches sind Ihre wichtigsten Fähigkeiten für die Position, die Sie anstreben?
- Was können Sie richtig gut, wo liegen Ihre besonderen Stärken?
- Auf welchen Gebieten vermuten Sie fachliche und persönliche Defizite und warum?
- Durch welche besonderen Aktivitäten zeichnen Sie sich in Ihrer Freizeit aus?
- Auf welchen Gebieten möchten Sie sich verbessern oder stärker engagieren?

Unterscheiden Sie dabei berufliche und außerberufliche Fähigkeiten. Zu den beruflichen Fähigkeiten zählen u.a. Ausbildung, Spezialkenntnisse, Berufserfahrung, bisherige berufliche Aufgabengebiete, berufliche Kenntnisse und Interessen, darüber hinausgehende Weiterbildungsmaßnahmen, Projekte und bisherige Erfolge.

Zu den außerberuflichen Fähigkeiten zählen pädagogische Fähigkeiten, Sprachkenntnisse, soziale Kompetenz und soziales Engagement, politische Tätigkeiten, handwerkliches Talent, technisches Verständnis, künstlerisch-musische Begabung sowie sportliches Können.

Speziell für Frauen mit Kindern

Erstellen Sie eine Liste der Fähigkeiten, die Sie sich zusätzlich im Umgang mit Kindern oder anderen Familienangehörigen erworben haben. Frauen haben meist durch den Familienalltag ein größeres Organisationstalent und eine hohe Sozialkompetenz entwickelt. Das sind Fähigkeiten, die im modernen Unternehmen zunehmend gefragt sind. Zumindest theoretisch ... in der Praxis sieht es trotz Lobreden häufig anders aus: Sie müssen sich mehr als Ihre männlichen Kollegen fragen, welches Engagement Sie im Augenblick für Ihre berufliche Laufbahn aufbringen wollen und können. Wie viel Zeit sind Sie bereit, in den nächsten fünf Jahren in Ihre Karriere zu investieren, wie viel Zeit brauchen Sie für Ihr Privatleben, das heißt Partnerschaft, Familie und Freunde? Wenn Sie versuchen, in allen Bereichen perfekt zu sein, wird Sie das vielleicht überfordern und auf Dauer erschöpfen. Andererseits sind gerade Ihre Fähigkeiten prädestiniert, in der Arbeitswelt etwas zu bewegen.

Ihre Stärken

Sie gewinnen ganz leicht einen Überblick über Ihre Möglichkeiten, wenn Sie Ihre beruflichen und außerberuflichen Fähigkeiten getrennt analysieren. Dennoch gehören beide Bereiche zusammen. Zum Beispiel weist eine Vorliebe für Schachspielen auf Ihren logisch-analytischen Verstand hin und prädestiniert Sie für eine entsprechende Tätigkeit.

Wir haben für Sie wiederum eine Tabelle entworfen, die Sie bitte zuerst selbst ausfüllen und später eventuell anderen Personen vorlegen, damit diese Sie beurteilen.

Wie schätzen Sie sich ein? Kreuzen Sie bei jeder Eigenschaft an, wie ausgeprägt diese Ihrer Meinung nach bei Ihnen ist:

+3 = sehr stark ausgeprägt
+2 = deutlich ausgeprägt
+1 = ausgeprägt
0 = teils/teils
–1 = weniger ausgeprägt
–2 = schwach ausgeprägt
–3 = sehr schwach ausgeprägt

Lernbereitschaft	–3	–2	–1	0	+1	+2	+3
Leistungsbereitschaft	–3	–2	–1	0	+1	+2	+3
Selbstdisziplin	–3	–2	–1	0	+1	+2	+3
Belastbarkeit	–3	–2	–1	0	+1	+2	+3
Ausdauer/Geduld	–3	–2	–1	0	+1	+2	+3
Pflichtbewusstsein	–3	–2	–1	0	+1	+2	+3
Verantwortungsbewusstsein	–3	–2	–1	0	+1	+2	+3
Zuverlässigkeit	–3	–2	–1	0	+1	+2	+3
Ordnungssinn	–3	–2	–1	0	+1	+2	+3
Ehrlichkeit/Loyalität	–3	–2	–1	0	+1	+2	+3
Vertrauenswürdigkeit	–3	–2	–1	0	+1	+2	+3
Begeisterungsfähigkeit	–3	–2	–1	0	+1	+2	+3
Zielstrebigkeit	–3	–2	–1	0	+1	+2	+3
Organisationsvermögen	–3	–2	–1	0	+1	+2	+3
Eigeninitiative	–3	–2	–1	0	+1	+2	+3
Entscheidungsfähigkeit	–3	–2	–1	0	+1	+2	+3
Spontaneität	–3	–2	–1	0	+1	+2	+3
Risikobereitschaft	–3	–2	–1	0	+1	+2	+3
Selbstsicherheit	–3	–2	–1	0	+1	+2	+3
Selbstständigkeit	–3	–2	–1	0	+1	+2	+3
Durchsetzungsvermögen	–3	–2	–1	0	+1	+2	+3
Überzeugungskraft	–3	–2	–1	0	+1	+2	+3
Kreativität	–3	–2	–1	0	+1	+2	+3
Kontaktfähigkeit	–3	–2	–1	0	+1	+2	+3
Anpassungsfähigkeit	–3	–2	–1	0	+1	+2	+3
Teamfähigkeit	–3	–2	–1	0	+1	+2	+3
Kommunikationsfähigkeit	–3	–2	–1	0	+1	+2	+3
Kompromissbereitschaft	–3	–2	–1	0	+1	+2	+3
Toleranz	–3	–2	–1	0	+1	+2	+3
Zuhörfähigkeit	–3	–2	–1	0	+1	+2	+3
Kritikbereitschaft	–3	–2	–1	0	+1	+2	+3
Hilfsbereitschaft	–3	–2	–1	0	+1	+2	+3
Unternehmerisches Denken	–3	–2	–1	0	+1	+2	+3
Stresstoleranz	–3	–2	–1	0	+1	+2	+3
Flexibilität	–3	–2	–1	0	+1	+2	+3
Kostenbewusstsein	–3	–2	–1	0	+1	+2	+3
Analytisches Denken	–3	–2	–1	0	+1	+2	+3
Strategisches Denken	–3	–2	–1	0	+1	+2	+3

Auch hier sollten Sie, wie bei den Eigenschaften aus dem Abschnitt »Was für ein Mensch bin ich?«, die Ihrer Meinung nach für das von Ihnen angestrebte Aufgabengebiet wichtigsten Fähigkeiten ankreuzen. Markieren Sie mit einem andersfarbigen Stift auch die Eigenschaften/Fähigkeiten, von denen Sie denken, dass Ihr Arbeitgeber sie sich wünscht. Überlegen Sie, bei welchen Gelegenheiten Sie diese Qualifikationen schon unter Beweis gestellt haben.

Die Bearbeitung dieser Liste führt zu einem besseren Selbstbewusstsein und ermöglicht ein gezieltes Arbeiten an auftretenden Defiziten, wenngleich der weitere Ausbau Ihrer Fähigkeiten unbedingt im Vordergrund stehen sollte.

4. Was tue ich gern?

Bei diesem Punkt geht es um die Frage, mit welchen vorhandenen Zutaten Sie am liebsten kochen, d.h. welche Ihrer Fähigkeiten Sie gerne einsetzen. Sie werden auf Dauer nicht glücklich, wenn Sie einer Arbeit nachgehen, die Sie zwar gut beherrschen, die Ihnen jedoch keine Freude bringt. Wenn Sie sich beruflich neu orientieren, sollten Sie stets Ihre Interessen und Neigungen berücksichtigen, sonst wird es Ihnen an Engagement und Enthusiasmus fehlen. Fragen Sie sich deshalb also bei allen Fähigkeiten und Eigenschaften, die Sie sich selbst zuschreiben, ob Sie diese auch gerne zum Einsatz bringen. Sie erzielen gute Verhandlungserfolge, fühlen sich jedoch von der Situation gestresst und anschließend ausgepowert? Und Sie mögen es nicht, im Privatleben um jeden Preis zu feilschen? Ein Zeichen dafür, dass Sie diese Tätigkeit in Ihrem Job nicht auf Dauer ausüben sollten. Umkreisen Sie daher wiederum mit einem Stift die Eigenschaften und Fähigkeiten, die Sie wirklich gerne leben, und prüfen Sie, ob Übereinstimmungen mit dem gewünschten Jobprofil vorherrschen.

5. Was will ich?

Klare Ziele zu haben setzt enorme Kräfte in Ihrer Psyche frei, beflügelt Ihre Fantasie und hilft Ihnen durchzuhalten. Wenn Sie ein Ziel vor Augen haben, werden Sie sich automatisch in diese Richtung bewegen. Daher widmen Sie dieser Frage entsprechend viel Aufmerksamkeit und Zeit und beantworten Sie sie wieder getrennt nach persönlichem und beruflichem Bereich. Am besten schriftlich.

Leitfragen zur persönlichen Situation

- Was haben Sie bisher in Ihrem Leben erreicht?
- Was haben Sie bisher trotz guter Vorsätze nicht erreicht und warum?
- Was missfällt Ihnen an Ihrer jetzigen persönlichen Situation?
- Was möchten Sie an dieser am schnellsten ändern, was kann noch warten?
- Wie sieht Ihre Partnerschaft bzw. familiäre Situation aus, gibt es da größere Probleme?
- Wer fördert bzw. behindert Sie in Ihrer persönlichen Entwicklung?
- Welchen Einfluss auf Ihre persönlichen Zielvorstellungen und Entscheidungen haben Ihr/e Partner/in, Ihre Kinder, Freunde und andere Bezugspersonen?
- Welche Ihrer persönlichen Eigenschaften und Fähigkeiten sind für Ihre Mitmenschen besonders wertvoll bzw. wichtig?
- Welchen Einfluss hat Ihre angestrebte Berufstätigkeit vermutlich auf Ihr Privatleben und umgekehrt: Welchen Einfluss hat Ihr Privatleben auf Ihren Beruf?
- Welche persönlichen Gründe sprechen gegen einen Arbeitsplatz-, Branchen- und/oder Berufswechsel?
- Welche persönlichen Gründe sprechen gegen einen Ortswechsel?
- Welche persönlichen Schwierigkeiten sehen Sie in der Zukunft für sich?
- Fühlen Sie sich einer deutlichen Veränderung des Arbeitsplatzes sowie des Berufs- und Lebensumfeldes gewachsen?

Leitfragen zur beruflichen Situation

- Was haben Sie bisher beruflich/in der Ausbildung erreicht?
- Was haben Sie bisher trotz Ihrer Vorsätze beruflich nicht erreicht und warum?
- Was lässt bei Ihnen sowohl generell als auch konkret berufliche Zufriedenheit bzw. Unzufriedenheit entstehen?
- Was missfällt Ihnen an Ihrer jetzigen beruflichen Situation?
- Was möchten Sie an Ihrer jetzigen beruflichen Situation am schnellsten ändern, was kann noch warten?

- Welche Ihrer beruflichen Kenntnisse und Fähigkeiten sind für Ihren zukünftigen Arbeitgeber und Ihre Kollegen besonders wertvoll bzw. wichtig?
- Fühlen Sie sich in beruflicher Hinsicht zurzeit eher über- oder unterfordert und aus welchen Gründen?
- Wie kommen Sie mit Ihren Vorgesetzten bzw. Kollegen aus?
- Welche beruflichen Förderer und »Steine-in-den-Weg-Werfer« haben Sie?
- Und wer könnte das in Zukunft sein?
- Wie sehen Ihre beruflichen Ziele bezogen auf Position und Verdienst aus?
- Welche Chancen für Entwicklung und Aufstieg haben Sie an Ihrem jetzigen Arbeitsplatz?
- Wie sind die generellen Zukunftsaussichten an Ihrem Arbeitsplatz (in Ihrer Branche, in Ihrem Beruf)?
- Welche beruflichen Schwierigkeiten sehen Sie in Zukunft für sich voraus?
- Sind Sie mit den Leistungen (Bezahlung, Sozialleistungen, Extras etc.) Ihres jetzigen Arbeitgebers zufrieden?
- Welchen Einfluss auf Ihre beruflichen Zielvorstellungen und Entscheidungen haben Ihr/e Partner/in, Ihre Kinder, Freunde und andere Bezugspersonen?
- Welche Gründe sprechen für einen beruflich begründeten Ortswechsel? Sind Sie diesbezüglich flexibel?
- Trauen Sie sich zu, eine völlig neue berufliche Aufgabe zu übernehmen?

Versuchen Sie, aus der schriftlichen Beantwortung jeder einzelnen Frage Schlüsselwörter zu entwickeln, die Ihr Ziel kurz und prägnant beschreiben. Abstrahieren, verkürzen und vereinfachen Sie gegebenenfalls, und bringen Sie die für Sie ganz persönlich wichtigen Dinge »auf den Punkt«.

Erstellen Sie eine Rangfolge Ihrer Zielvorstellungen. Das ermöglicht Ihnen, Prioritäten zu erkennen und Schwerpunkte zu bilden. Die persönliche und berufliche Situationsanalyse verschafft Ihnen Klarheit und hilft bei der Abwägung von Gründen für oder gegen einen Arbeitsplatz. Es ist wichtig, klar ausdrücken zu können, was man will und für wichtig hält.

6. Was ist möglich?

Vom Tellerwäscher zum Millionär, vom Schauspieler zum Präsidenten – nichts ist unmöglich. Wer gegen seine Wünsche und Vorstellungen vorschnell die Schere im Kopf ansetzt, erreicht weniger, als möglich wäre. Wer andererseits mit seinen Träumen und Erwartungen zu hoch hinaus will, wird sich meist in seinen Wunschvorstellungen verstricken. Versuchen Sie, sich zwischen den Extremen zu bewegen.

Der Motor unseres Tuns ist unter anderem das »liebe« Geld. Bringen Sie in Erfahrung, was Ihre Arbeitsleistung wert ist und was Arbeitgeber gemäß der aktuellen Marktlage zu zahlen bereit sind. Wer den Wert seiner Arbeitskraft kennt, ihn realistisch einschätzen und vortragen kann, sammelt Pluspunkte.

Jeder Mensch neigt dazu, in einer persönlichen und beruflichen Übergangs- bzw. Krisensituation seinen Handlungsspielraum und seine Gestaltungsmöglichkeiten zu unterschätzen. Wir selbst hemmen uns in einer solchen Situation unnötigerweise in unseren Aktivitäten. Dabei geht es um so Wichtiges wie die Verwirklichung der individuellen beruflichen Identität.

Bringen Sie die Erkenntnisse aus den vorangegangenen Situationsanalysen auf den Punkt. Nehmen Sie nicht nur Ihren eigenen Realitätssinn zum Maßstab, sondern beziehen Sie auch andere Personen (Lebenspartner, Freunde, Bekannte, Fachberater z. B. vom Arbeitsamt) in Ihre Überlegungen ein. Der Blick von außen kann sehr hilfreich sein. Greifen Sie auf das Fantasiepotenzial Ihrer Mitmenschen zurück.

Die folgenden Zeilen sollen den Unterschied zwischen einer negativen Grundhaltung und einer konstruktiven Wahrnehmung Ihrer Chancen verdeutlichen:

	versus
Ich weiß nicht, wer ich bin.	Ich bin mir meiner selbst bewusst.
Ich kann nicht, was ich will.	Ich kann, was ich will.
Ich will nicht, was ich kann.	Ich will, was ich kann.
Ich mache nicht gern, was ich will.	Ich mache gern, was ich will.
Und was möglich ist,	Und was möglich ist,
das mache ich nicht.	das mache ich.

Bewerbungsstrategie: die optimale Selbstpräsentation

Nachdem Sie sich intensiv mit Ihrer Person, Ihren Eigenschaften und Zielen beschäftigt haben, möchten wir Ihnen im Folgenden verdeutlichen, wie Sie eine erfolgreiche Bewerbungsstrategie entwickeln. Was sollten Sie beachten, bevor Sie sich an die Erstellung der Bewerbungsunterlagen machen?

Die Erfolgsaussichten Ihrer Bewerbung verbessern sich entscheidend, wenn Sie einem Arbeitgeber selbstbewusst gegenübertreten können. Dieses Selbstvertrauen haben Sie, wenn Sie sich Ihre Fähigkeiten, Ihre Kompetenzen und Leistungsmöglichkeiten bewusst machen. Was Sie können und wollen, haben Sie bereits analysiert.

Jetzt geht es darum, dem potenziellen Arbeitgeber dieses Selbstbild angemessen zu kommunizieren. Weder übersteigertes Selbstwertgefühl noch übertriebene Bescheidenheit sind auf dem Arbeitsmarkt gefragt. Geben Sie einem Arbeitsplatzanbieter das Gefühl, dass er mit Ihrer Unterstützung seine Probleme besser lösen kann. Welchen Gewinn bringt es ihm, wenn er Sie einstellt? Was können Sie konkret für das Unternehmen tun? Und wie können Sie diese Botschaft selbstbewusst-sympathisch über Ihre Bewerbungsunterlagen transportieren?

Ihr potenzieller Arbeitgeber wird bei jedem Bewerbungsschritt prüfen: Was können Sie (**K**ompetenz = welche Probleme können Sie lösen?), was sind Sie bereit zu leisten (**L**eistungsmotivation = haben Sie Biss?) und kann man mit Ihnen zusammenarbeiten (**P**ersönlichkeit = sind Sie sympathisch, vertrauenswürdig?). Das bedeutet konkret:

1. **Kompetenz:** Verfügt der/die Bewerber/in über die erforderlichen generellen und fachlichen Qualifikationsmerkmale? Ist er/sie kompetent?
2. **Leistungsmotivation:** Was bewegt den/die Bewerber/in, was sind seine/ihre Motive für Arbeitsplatz- und Aufgabenwahl und ist er/sie bereit, Außerordentliches zur Verwirklichung von Unternehmens- bzw. Institutionszielen zu leisten? Ist er/sie leistungsmotiviert?
3. **Persönlichkeit:** Mobilisiert der/die Bewerber/in Sympathiegefühle und passt/sie er zum Team, zum Unternehmen (bzw. zur Institution)? Wie geht er/sie mit anderen um? Kann man ihm/ihr vertrauen und dadurch auch wieder etwas zutrauen? Wie stabil und gesund wirkt er/sie?

Hauptziel Ihres Bewerbungsvorhabens ist, die drei Weichensteller – **KLP** – transparent zu machen. Ziehen Sie eine Bilanz Ihrer Fähigkeiten und Stärken, und stellen Sie heraus, welche Eigenschaften Sie für die angestrebte Stelle qualifizieren. Konzentrieren Sie sich dabei auf konkrete Ergebnisse. Ist es Ihnen beispielsweise gelungen, den Umsatz Ihrer Abteilung im Laufe von fünf Jahren um 40 Prozent zu steigern? Haben Sie erfolgreich verhandelt und konnten den Einkaufsrabatt von 10 auf 20 Prozent erhöhen? Falls Sie als Berufseinsteiger keine Berufserfahrung mitbringen, wird es Ihnen schwerer fallen, Leistungen anzuführen, die den Arbeitsplatzanbieter neugierig auf Sie machen. Dennoch: Sie können Erfolge während Ihrer Ausbildung, Ihres Studiums oder in Ihrem Privatleben vorweisen. Nur: Wie haben Sie diese erreicht? Wie sind Sie an die Aufgabe herangegangen? Und von welcher Ihrer Schlüsselqualifikationen kann Ihr Gegenüber ganz konkret profitieren?

Vermitteln Sie selbstbewusst und schlüssig Ihr persönliches und berufliches Profil. Dabei sollten sich Ihre Botschaften wie ein roter Faden durch Ihre gesamte Bewerbung ziehen: Anschreiben, Foto, Lebenslauf und auch Ihr Auftritt sollten zu Ihrer Persönlichkeit, Ihren Kernkompetenzen und dem angestrebten Job passen. Ein als durchsetzungsfähig beschriebener Controller wird keine bunte Bewerbungsmappe mit lässigem Foto und langatmigem Lebenslauf verschicken, ein detailorientierter Marktforscher wird eher mit genauen Zahlen und einem korrekten Outfit glänzen als mit einem selbst gestalteten Bewerbungsflyer.

Weiterhin wichtig: Mobilisieren Sie Unterstützung für dieses bedeutsame Projekt. Ihr Bewerbungsvorhaben wird einfacher und besser gelingen, wenn Sie Freunde und Bekannte haben, die Sie moralisch und tatkräftig begleiten. Intensivieren Sie besonders den Kontakt zu Personen, die sich in einer ähnlichen beruflichen Umbruchsituation befinden. Mit diesen können Sie sich konstruktiv-kritisch über den geplanten beruflichen Wandel austauschen. Aber auch alle anderen Kontakte sind wichtig, denn: etwa 70 Prozent der zu besetzenden Arbeitsplätze werden ohne öffentliche Ausschreibung vergeben. Über fast jede freie Stelle sprechen die Verantwortlichen zunächst mit Freunden oder Geschäftspartnern. Wenn Sie diese Vorabinformationen aus Ihrem »Beziehungsnetz« erhalten, verfügen Sie über einen entscheidenden Wettbewerbsvorteil.

Recherchieren und argumentieren – so erobern Sie einen Job

Sie liegen auf der Couch, es klingelt an der Tür, ein Brief vom Personalchef des Wunschunternehmens flattert herein. Auf blütenweißem Papier lesen Sie die freundliche Bitte, doch morgen zum Vorstellungsgespräch vorbeizuschauen. Jubel, Trubel, Heiterkeit ... und schon wachen Sie auf ... und aus der Traum! Die Realität sieht leider oft anders aus.

Bevor Sie sich bewerben, gilt es genau zu analysieren, in welchem Tätigkeitsfeld Sie aktiv werden wollen, in welcher Branche, für welche Position. Dabei hilft Ihnen die im vorherigen Kapitel beschriebene Selbstanalyse. Machen Sie sich also klar, wie Ihr Wunschunternehmen aussieht: ein Mittelständler mit kurzen Entscheidungswegen und breit angelegtem Aufgabenfeld, ein internationaler Konzern, bei dem die Möglichkeit besteht, im Ausland zu arbeiten? Sind Sie flexibel, was den Arbeitsort betrifft, oder kommt nur eine Firma an Ihrem Wohnort in Frage? Wenn Sie Führungskraft werden wollen – gibt es dazu im Unternehmen die Möglichkeit? Wollen Sie in Ihrem bisherigen Aufgabengebiet tätig bleiben oder reizt Sie etwas Neues? Möchten Sie in einem kreativen, jungen Umfeld arbeiten oder bevorzugen Sie ein klassisch-strukturiertes? Streben Sie einen Branchenwechsel an oder möchten Sie zu einem Wettbewerbsunternehmen? Diese Fragen sollte Sie klären, bevor Sie mit dem eigentlichen Bewerbungsprozess beginnen.

TIPP

Analysieren Sie intensiv Stellenanzeigen. Hier wird oft präzise formuliert, um welche Art von Tätigkeit und Umfeld es sich handelt. Dabei können Sie in sich horchen und feststellen, was Sie anspricht und warum. Die Kriterien, die Sie für wichtig halten, schreiben Sie auf. So finden Sie nach und nach heraus, was Sie wollen und welche Arbeitgeber für Sie in Frage kommen.

Haben Sie ermittelt, welche Position Sie genau anstreben, gibt es verschiedene Wege, um mit geeigneten Arbeitgebern in Kontakt zu treten. Sie können:

- Ihr Netzwerk, Freunde und Bekannte kontaktieren und ihnen erzählen, was Sie suchen
- auf Stellenangebote in Zeitungen/Zeitschriften antworten
- eigene Stellengesuche aufgeben
- im Internet auf Stellenanzeigen, z. B. bei Jobbörsen, antworten
- eigene Stellengesuche oder Profile bei Jobbörsen hinterlegen
- sich initiativ bei Unternehmen Ihrer Wahl bewerben
- Ihre Unterlagen bei Personalberatern platzieren

Kontaktstark: Beziehungen nutzen

Kontakte sind das A und O in der Arbeitswelt. Mehr als 30 Prozent der deutschen Arbeitnehmer finden einen neuen Job durch die Vermittlung von Bekannten und Freunden. Sie verfügen nicht über die richtigen Beziehungen? Dann sorgen Sie dafür, dass diese entstehen – z.B. durch Freunde, Verwandte, Nachbarn, Exkollegen, Bekannte, etc.

TIPP

Der sicherste Weg zum Vorstellungsgespräch führt über Bekannte oder über Bekannte von Bekannten, die Ihren Wunscharbeitsgeber kennen.

Jede Person, die Sie kennen, kommt als Kontakt in Frage. Jedes Familienmitglied. Jeder Ihrer Freunde. Jeder Händler oder Verkäufer, der Ihnen begegnet. Jeder Handwerker, der in Ihrer Wohnung etwas repariert. Jedes Mitglied Ihres Sportvereins. Jeder Lehrer, der Sie einmal unterrichtet hat. Jede Person, der Sie vorgestellt werden. Jeder, dem Sie während Ihrer Arbeitssuche begegnen.

Überlegen Sie, wen Sie gezielt ansprechen könnten. Stellen Sie eine Liste zusammen – am besten sofort.

Nutzen Sie Ihre persönlichen und beruflichen Kontakte: Je mehr Menschen wissen, dass Sie einen neuen Arbeitsplatz suchen, desto schneller werden Sie einen finden. Bitten Sie Freunde, Verwandte sowie (ehemalige) Arbeitskollegen und Bekannte um Unterstützung und gezielte Hinweise. Bestimmt weiß jemand, wo Leute mit Ihren Fähigkeiten eingestellt werden, oder kennt Firmen- oder Personalchefs, mit denen Sie sprechen könnten. Formulieren Sie möglichst genau, wobei Sie Hilfe benötigen und halten Sie niemanden mit ungenauen Fragen auf, wie beispielsweise: »Thomas, ich bin arbeitslos. Wenn du irgendetwas hörst, sag mir bitte Bescheid.« Damit kann niemand etwas anfangen. Finden Sie heraus, welcher Job Sie genau interessiert und haken Sie gezielt nach, etwa so: »Ich bin arbeitslos und würde gern wieder in der Versicherungsbranche als Außendienstmitarbeiter anfangen, möglichst hier in München. Wenn du etwas hörst, sag doch bitte gleich Bescheid. Ich könnte sofort anfangen.«

Wichtig: Wenn Sie andere um Hilfe bei der Jobsuche bitten, sollten Sie zum Schluss immer erklären: »Und wenn ich etwas für dich tun kann – gerne.« Überlegen Sie aktiv, wie Sie Ihrem Netzwerk nutzen, mit was für einem Gefallen Sie sich revanchieren könnten – auch außerhalb der Arbeitswelt. Suchen Sie ferner in regelmäßigen Abständen den Kontakt und melden sich nicht nur, wenn Sie Hilfe brauchen. Nicht immer ist ein persönliches Treffen machbar, auch mit kurzen Telefonaten, E-Mails oder SMS können Sie Ihr Gegenüber auf dem Laufenden halten. Informieren Sie Ihre Freunde möglichst regelmäßig über Fortschritte bei Ihren Bewerbungsaktivitäten.

Klassisch: Stellenangebote in Tageszeitungen

Sie finden Stellenangebote in fast allen deutschen Tageszeitungen. Während die überregionalen Medien, allen voran die *FAZ* und die *Süddeutsche*, sich besonders als Markt für Fach- und Führungskräfte etabliert haben, suchen kleine und mittelständische Unternehmen überwiegend in regionalen Zeitungen neue Mitarbeiter. Schauen Sie unbedingt auch in branchenspezifische Fachblätter.

Es existieren drei Varianten von Stellenanzeigen:

- Anzeigen, die eine direkte Kontaktaufnahme mit dem potenziellen Arbeitsgeber ermöglichen.
- Anzeigen, bei denen eine Personalberatungsfirma zwischengeschaltet ist, die im Auftrag des Arbeitgebers die Bewerberauswahl übernimmt
- Anzeigen, deren Auftraggeber inkognito bleibt und nur über Chiffrezuschrift an die Zeitung erreicht werden kann.

Übersicht: Inhaltlich gliedern sich Stellenanzeigen in

eine Firmenpräsentation	wer sucht?
das konkrete Stellenangebot	für welche Tätigkeit?
die Anforderungen	wen, mit welchen Qualifikationen/ Fähigkeiten?
eventuell Hinweise auf die Vergütung, Einstellungsdatum, Aufstiegschancen, Arbeitszeiten, etc.	zu welchen Bedingungen?
die Art der gewünschten Kontaktaufnahme	vollständige Bewerbungsunterlagen, E-Mail-Bewerbung etc.

Entscheidend für Sie als Bewerberin oder Bewerber ist die Frage: Passe ich mit meinem Profil auf die ausgeschriebene Position und zu dem Unternehmen?

Grundsätzlich fordern die meisten Unternehmen neben den sogenannten Hard Skills auch Soft Skills. Zu den harten Faktoren zählen zum Beispiel Ausbildungsabschlüsse (Tischler, Buchhalterin, Diplom-Ingenieur, Betriebswirt, Mediziner etc.) oder eine entsprechende Berufserfahrung. Zu den weichen Kriterien gehören soziale Kompetenzen wie Kommunikationsfähigkeit oder Teamorientierung.

Übersicht: Zu den Hard Skills (harten Faktoren) gehören zum Beispiel

- spezielles Fachwissen
- eine besondere Berufserfahrung
- Mitarbeiterführungsverantwortung
- EDV-Kenntnisse
- Sprachen
- Auslandserfahrung

Zu den Soft Skills (weiche Faktoren) gehören zum Beispiel

- soziale Kompetenz
- selbstständiges Arbeiten
- Kundenorientierung
- Team- und Projektarbeit
- Belastbarkeit, Kritikfähigkeit
- Lernfähigkeit

Die Anforderungen lassen sich dabei in Muss- und Soll-Kriterien unterteilen. Formuliert das Stellenangebot für die harten Faktoren ausdrücklich »Voraussetzung ist …« oder »Erwartet wird …« sollte das Profil des Bewerbers nicht allzu weit vom Geforderten abweichen. »Haben Sie außerdem noch …« signalisiert deutlich: »Wir bevorzugen Bewerber, die dieses Kriterium erfüllen.«

Faustregel: Ob Tageszeitung, Fachjournal oder Online-Jobbörse – ein Angebot kommt dann für Sie in Frage, wenn Sie mindestens 60 Prozent der gestellten Anforderungen erfüllen.

Wichtig: Mit einer Stellenanzeige, egal ob in den Printmedien oder im Internet, wirbt ein Unternehmen um Aufmerksamkeit und um Mitarbeit. Manche Unternehmen bringen in ihrer Anzeige präzise zum Ausdruck, was sie suchen und anzubieten haben, andere texten nebulös oder unrealistisch. Lassen Sie sich also weder von den guten noch von den schlechten Anzeigen zu pessimistisch oder zu optimistisch stimmen. Jetzt sind Sie zunächst in der Position, zu beurteilen und auszuwählen.

CHECKLISTE: SO ANALYSIEREN SIE EINE STELLENANZEIGE:

- ☐ Wie wirkt die Anzeige auf Sie (Format, Gestaltung, Text)?
- ☐ Um was für ein Unternehmen handelt es sich (Kleinbetrieb, Mittelständler, Konzern, öffentlicher Dienst)?
- ☐ Wie stellt sich das Unternehmen dar (modern, international, konservativ)?
- ☐ Was wird zu den Produkten oder Dienstleistungen ausgesagt?
- ☐ Ist eine Unternehmensphilosophie erkennbar?
- ☐ Können Sie mit der Aufgabenbeschreibung, dem zukünftigen Tätigkeitsfeld etwas anfangen?
- ☐ Sind die beruflichen und persönlichen Anforderungen an den Bewerber klar zu identifizieren?

- ☐ Wird nach Muss-, Soll- und Kann-Anforderungen unterschieden?
- ☐ Werden berufliche Spezialkenntnisse verlangt?
- ☐ Werden besondere Persönlichkeitsmerkmale angesprochen?
- ☐ Welche Anforderungen (fachlich wie persönlich) erfüllen Sie?
- ☐ Welche Anforderungen werden Sie in naher Zukunft erfüllen können?
- ☐ Welche Anforderungen erfüllen Sie nicht und warum nicht?
- ☐ Was wird dem zukünftigen Mitarbeiter geboten?
- ☐ Wie sind diese Kriterien geregelt: Erfahrung, Mindest- oder Höchstalter, Arbeitszeit, Mobilität, Fortbildung, Entwicklungschancen?
- ☐ Und diese: Bewerbungsfrist, Bezahlung, Eintrittstermin, Einarbeitung?
- ☐ Können Sie sich eine Mitarbeit in diesem Unternehmen vorstellen?
- ☐ Können Sie sich eine Bewerbung für diese Stelle/Position vorstellen?
- ☐ Was könnten Sie dem Unternehmen in fachlicher wie auch in persönlicher Hinsicht anbieten?
- ☐ Was wissen Sie bereits über das Unternehmen und wo können Sie weitere Information erhalten?
- ☐ Sind in der Anzeige Ansprechpartner, Adresse, Telefon, Homepage benannt?
- ☐ Verspüren Sie Lust und macht es Sinn, sich mit der Anzeige und weiteren Recherchen dazu zu beschäftigen? Warum ja, warum nein?

Lassen Sie sich als Anfänger und Einsteiger weder blenden noch zu schnell von Anzeigenformaten und »ausführlichsten« Anforderungen entmutigen. Hier gilt das Gleiche wie für Sie als Bewerber: ein schlechter Text bedeutet nicht automatisch eine schlechte Firma bzw. Aufgabe und umgekehrt, ein guter Text ist keine Garantie, dass die Arbeitswirklichkeit auch tatsächlich so aussieht.

Modern: Recherchieren und Kontaktieren im Internet

Immer mehr Unternehmen nutzen das Internet, um neue Mitarbeiter anzuwerben. Über 90 Prozent der 1.000 größten deutschen Unternehmen veröffentlichen ihre Stellenausschreibungen (auch) auf der eigenen Homepage. Über 70 Prozent der Unternehmen nutzen regelmäßig die kommerziellen Jobbörsen im Internet. Und wer den potenziellen Arbeitgeber bereits kennt, findet auf der firmeneigenen Homepage neben aktuellen Jobangeboten auch interessante Informationen zu neuen Projekten, Firmenphilosophie oder Mitarbeiterzahlen.

Für jede Werbeagentur ist klar: Je mehr sie über ihren Kunden und seine Vorstellungen und Wünsche weiß, desto besser kann sie ihn zufriedenstellen. Der Kunde muss den Eindruck gewinnen, dass man genau für seine Bedürfnisse die passende Lösung parat hat.

Stellen Sie sich vor, Sie sind selbst eine Werbeagentur: Sie wollen Ihren Kunden überzeugen, dass gerade Sie und nur Sie seine Bedürfnisse richtig erkannt haben und ihn voll zufriedenstellen können. Sie wissen, was er von Ihnen erwartet. Versuchen Sie, optimal ins Firmenprofil zu passen! Das bedeutet: so viel wie möglich über Ihren Kunden, Ihren künftigen Auftraggeber, herauszufinden.

Informationen über den zukünftigen Arbeitgeber finden Sie, zusätzlich zu der ab Seite 32 beschriebenen Recherche im Internet, in speziellen Nachschlagewerken (z.B. Hoppenstedt/Beratung in einer Bibliothek!), in der Fachliteratur und in Zeitschriften. Lassen Sie sich – eventuell unter dem Namen eines Freundes – Informationsmaterial zusenden, oder bitten Sie telefonisch um Auskünfte, bei größeren Unternehmen um Geschäftsberichte, Presseinformationen oder Organigramme (Darstellungen der Struktur einer Firma).

Auch alle Arten von Messen sind gute berufliche Informations- und Kontaktbörsen.

Nutzen Sie ferner die Hilfe von Experten, nehmen Sie Angebote von Personalberatungen oder Bewerbungsberatern wahr. Denken Sie auch an die Kammern von Industrie, Handel und Handwerk bis hin zu besonderen Interessenvertretungen.

Und: Hören Sie sich auch in Ihrem Bekanntenkreis um, vielleicht arbeitet jemand bei Ihrem Wunschunternehmen. Dabei spielt es keine Rolle, ob Ihr Informant erfolgreich ist oder nicht, zufrieden oder schlecht auf das Unternehmen zu sprechen – in jedem Fall können Sie für sich das Wissenswerte herausfiltern.

Übersicht: Fünf Situationen, in denen Sie das Internet für Ihre Bewerbung gezielt nutzen können

- die Suche nach Informationen über Arbeitgeber
- die Suche nach Stellenangeboten aus Zeitungen/Zeitschriften
- die Suche nach Stellenangeboten auf den Seiten der Firmen
- die Suche und eigene Platzierung auf virtuellen Arbeitsmärkten
- und, zunehmend wichtiger: die elektronische Kontaktaufnahme (mehr dazu auf S. 89)

1. Recherchieren von Arbeitgeberinformationen

Gleichgültig, ob Sie sich bei einem Unternehmen bewerben wollen oder bereits zum Vorstellungsgespräch eingeladen sind – das Internet bietet hervorragende Informationsmöglichkeiten. Falls Sie die Internetanschrift des Unternehmens nicht kennen, suchen Sie am besten mit Hilfe einer Suchmaschine (z.B. *www.google.de*, *www.yahoo.de*, *www.altavista.de*).

CHECKLISTE: DIE WICHTIGSTEN RECHERCHEFRAGEN ZUM ARBEITGEBER

- ☐ Wie groß, wiealt ist das Unternehmen?
- ☐ Welche Standorte gibt es, was wird dort gemacht?
- ☐ Sind Umsatzzahlen bekannt?
- ☐ Wie viele Mitarbeiter gibt es?
- ☐ Wird eine Firmenphilosophie dargestellt?
- ☐ Wie werden Kunden angesprochen?
- ☐ Ist die Homepage technisch auf dem neuesten Stand?
- ☐ Sind die Informationen aktuell oder veraltet?
- ☐ Welche Mitbewerber/Konkurrenten gibt es auf dem Markt und wie stehen sie da?
- ☐ Welchen Ruf genießen das Unternehmen, seine Produkte/Dienstleistungen/ggf. die Aktien?
- ☐ Was wurde bisher über das Unternehmen berichtet? (Hier nicht nur auf der unternehmenseigenen Seite recherchieren!)
- ☐ Welche aktuellen Ereignisse sind für die Branche relevant?

2. Stellenangebote in Zeitungen

Sie müssen nicht unbedingt eine Zeitung kaufen: Suchen Sie Stellenanzeigen im Internet. Die meisten Zeitungen stellen ihre Stellenanzeigen auch online zur Verfügung. Achten Sie nur darauf, dass die Anzeigen aktuell sind!

Übersicht: Stellenanzeigen in Zeitungen
Süddeutsche Zeitung – http://jobcenter.sueddeutsche.de
Handelsblatt – www.handelsblatt.de
Frankfurter Allgemeine Zeitung – http://stellenmarkt.faz.net
Financial Times Deutschland – www.ftd.de
Die Zeit – www.jobs.zeit.de
Tagesspiegel – http://anzeigen.tagesspiegel.de/stellenindex.php

Wenn Sie genau wissen, in welcher Branche Sie arbeiten wollen, sehen Sie sich in den entsprechenden Fachpublikationen um. Sie finden sie per Suchmaschine.

3. Stellenangebote bei Firmen

Viele Firmen haben eigene Jobseiten auf ihren Homepages. Viele sind aktuell und seriös platziert, einige jedoch auch aus Imagegründen. Sie wollen vor allem die Botschaft transportieren: »Uns geht es wirtschaftlich so fantastisch, dass wir sogar in diesen Zeiten Leute einstellen.«

Immer häufiger finden Sie dort Bewerbungsformulare, die Sie direkt am Computer ausfüllen können. Die erste Auswahl trifft dabei oft ein Computer. Wenn Sie postwendend die Mitteilung erhalten, dass man Sie nicht einladen und näher kennenlernen möchte, Sie aber sicher sind, für eine Position geeignet zu sein, sollten Sie den persönlichen telefonischen Kontakt suchen oder eine schriftliche Kurzbewerbung per Post schicken (s. S. 115). Kontaktadresse/Telefonnummer des Ansprechpartners finden Sie oft auf der entsprechenden Internetseite oder können Sie durch einen Telefonanruf ermitteln (s. S. 37).

Wo finde ich die größten Arbeitgeber?
http://www.top100.de

4. Arbeitsmärkte im Internet

Inzwischen gibt es weit über 200 Adressen, unter denen Unternehmen und Institutionen Stellen anbieten. Meistens geben Sie hier die Branche und den Ort ein, wo Sie arbeiten. So können Sie die Angebote herausfiltern, die für Sie in Frage kommen. Viele dieser Anbieter haben sich auf einen bestimmten Bereich spezialisiert.

Manche der Jobbörsen bieten den Bewerbern (eventuell gegen eine Gebühr) an, ihre »Lebensläufe« abzubilden, sodass auch Arbeitsplatzanbieter die Profile der einzelnen Bewerber einsehen können.

Übersicht: Die wichtigsten Arbeitsmarktadressen

www.arbeitsagentur.de/
www.stellenanzeigen.de
www.cesar.de
www.jobpilot.de
www.jobware.de
www.job-office.de
www.stellenmarkt.de
www.careernet.de
www.jobs.zeit.de
www.jobinteractive.de
www.jobrobot.de
www.stepstone.de
www.monster.de

Zeitarbeitsfirmen

www.manpower.de
www.randstad.de

Metasuchmaschinen

job-world unter www.zeit.de
www.evita.de

Europäische Stellenmärkte

www.cadresonline.com (Frankreich)
www.job-consult.com (Europa)
www.jobmonitor.com (Österreich)
www.jobserve.com (UK)
www.jobsite.uk (Europa)

5. Elektronische Kontaktaufnahme

Per E-Mail können Sie sehr schnell Kontakt mit einem zuständigen Fach- oder Personalabteilungsmitarbeiter eines Ihrer Wunscharbeitgeber aufnehmen oder direkt Ihre Online-Bewerbung versenden.

Für diese Kontaktaufnahme gibt es keinen allgemein verbindlichen

Standard. Recherchieren Sie daher auf der jeweiligen Homepage, was das Unternehmen wünscht. Vor allem bei Großunternehmen gibt es Bewerbungsformulare zum direkten Ausfüllen für Bewerber, andere Firmen bevorzugen eine E-Mail-Bewerbung mit Anhang (Word- oder PDF-Datei) oder ohne. Lesen Sie zu dieser Form der Bewerbung mehr auf S. 90.

Aktiv: die Initiativbewerbung

Blind-, Direkt-, kalte oder aktive Bewerbung – gemeint ist immer dasselbe: Sie nehmen von sich aus unaufgefordert Kontakt zu einem potenziellen Arbeitgeber auf. Gut formuliert und ansprechend präsentiert haben Initiativbewerbungen eine gute Chance. Etwa 20 Prozent aller Bewerber erhalten auf diesem Weg einen Job.

Vorteil: Sie sind nicht einer von vielen Bewerbern, die Konkurrenz ist deutlich geringer.

Weiterer Vorteil: Wenn Sie in der Bewerbungsphase aktiv eigene Ideen verwirklichen, die über das bloße Reagieren hinausgehen, stärkt das Ihr Selbstbewusstsein. Innere Zufriedenheit und Selbstvertrauen sind wesentliche Faktoren, sich wohlzufühlen und überzeugend zu wirken.

Die Herausforderung dabei ist, kurz und präzise darzustellen, warum Sie gerade in diesem Unternehmen, in dieser Position arbeiten wollen und was Sie Besonderes zu bieten haben. Mehr dazu ab S. 114.

Selbstbewusst: Stellengesuche aufgeben

Das eigene Stellengesuch ist eine gute, wenn auch meist mit Kosten verbundene Möglichkeit, aktive Werbung in eigener Sache zu betreiben. Wählen Sie sorgfältig die richtige Plattform für Ihre Annonce. Die wichtigsten Printmedien für Fach- und Führungskräfte sind nach wie vor die überregionalen deutschen Tageszeitungen. Aber auch

Fachzeitschriften Ihrer Branche können Ihnen zum Auftritt vor einem interessierten Arbeitgeber-Publikum verhelfen. Und insbesondere das Internet, die klassischen Jobbörsen oder Bussiness-Kontaktbörsen wie beispielsweise Xing sind hervorragende Markplätze für Ihr Angebot. Umfangreiche Informationen zu neuen Formen und Wegen der Bewerbung wie beispielsweise Postkarten- oder Plakataktionen finden Sie auf unserer Internetseite *www.berufsstrategie.de/neuewege*.

Ein gutes Stellengesuch zeichnet sich durch einen dichten Informationsgehalt auf engem Raum aus: nur das Wesentliche und dennoch werden die drei W-Fragen »Was habe ich zu bieten?« (berufliche Schwerpunkte, fachliche und soziale Kompetenzen, Qualifikationen und gegebenenfalls Sprach- und PC-Kenntnisse), »Wer bin ich?« (Alter, Geschlecht, Mobilität, Ausbildungsabschluss und Titel) und »Was suche ich?« beantwortet.

Gefragt ist die Kunst der Reduktion. Die Leitfragen heißen: »Welche Eigenschaften sind für die gesuchte Position besonders wichtig?« und »Welche Eigenschaften habe ich anderen Bewerbern voraus?« Je prägnanter und kürzer der Text für die hervorstechenden Merkmale des Bewerbers wirbt, desto besser.

TIPP

Zeitungsannoncen sind Ihnen zu teuer? Dann inserieren Sie (meistens) kostenfrei im Internet bei einer der großen kommerziellen Jobbörsen. Erfolg verspricht dieses Stellengesuch besonders dann, wenn Sie Arbeitgeber aus dem IT-Bereich oder anderen internetnahen Branchen suchen.

Mutig: neue Chancen durch Zeitarbeit

Hat ein Unternehmen personelle Engpässe oder braucht es kurzfristig kompetente Mitarbeiter, kann es sich mit der Personalbeschaffung an eine Zeitarbeitsfirma wenden. Nicht nur gewerbliche Mitarbeiter, sondern auch zunehmend Angestellte der mittleren Ebene, hoch qualifizierte Spezialisten und erfahrene Führungskräfte werden über Zeitarbeitsunternehmen angefordert. Sie nehmen den Kunden die zeit- und kostenaufwendige Personalbeschaffung und Auswahl ab.

Der Personaleinsatz kann von vornherein befristet oder mit der Option auf Übernahme in ein festes Arbeitsverhältnis verbunden sein. So kann ein Unternehmen, aber auch der »Leihmitarbeiter« ohne Risiko testen, ob eine langfristige Zusammenarbeit sinnvoll ist. Erwartet werden vor allem Flexibilität, Verfügbarkeit und Risikomanagement. Der Weg über Zeitarbeitsunternehmen kann interessante Türen öffnen (Stichwort: Neue Wege der Bewerbung, *www.berufsstrategie.de/neuewege*).

Kommunikativ: Telefonieren

Greifen Sie zum Telefon, stellen Sie Ihre Kommunikationsfähigkeit unter Beweis und sammeln Sie Sympathiepunkte. Es gibt drei interessante Ausgangsituationen:

1. Informationen erfragen: In einer Zeitung lesen Sie eine Stellenanzeige, die Sie interessiert. Eine Telefonnummer ist angegeben, auch ein konkreter Ansprechpartner. Sie rufen an, um mehr Informationen zu erfragen. Falls Sie keine Telefonnummer finden, recherchieren Sie …
2. Initiativbewerbung: Sie sind interessiert an einem Arbeitsplatz in einer bestimmten Firma. Bevor Sie Ihre Initiativbewerbung verschicken, wollen Sie wissen, ob eine Chance für Sie besteht.
3. Nachfragen: Mehrere Wochen nachdem Sie Ihre Bewerbung versendet haben, kommt keine Rückmeldung: weder eine Bestätigung, dass Ihre Unterlagen eingetroffen sind, noch eine Einladung zum Vorstellungsgespräch. Rufen Sie an, um freundlich (bitte keine Vorwürfe) nach dem Stand der Dinge zu fragen.

Für alle drei Situationen gilt: Bereiten Sie sich auf das Gespräch vor, damit Sie in kurzen Sätzen sagen können, was Sie wollen. Dazu gehört, sich einen ungestörten Platz zu suchen, von dem aus Sie telefonieren können (also nicht die Telefonzelle auf dem Hauptbahnhof oder per Handy aus dem Café!), und einen günstigen Zeitpunkt zu wählen (Freitagnachmittag oder die Mittagszeit sind ungünstig). Sie sollten den Namen des gewünschten Gesprächspartners im Kopf haben und Block und Bleistift bereithalten, um sich Teile des Gesprächs notieren zu können. Auch wenn Sie nicht anrufen, sondern zurückgerufen werden, sollten Sie sich immer Ihre Bewerbungsunterlagen zurechtlegen.

TIPP

Lassen Sie über das Telefon eine »emotionale Brücke«, eine positiv gefärbte erste Beziehung entstehen. Sie können sicher sein: Man wird Ihre Bewerbungsunterlagen mit anderen Augen lesen.

Bewerbungsunterlagen – Arbeitsproben mit Werbebotschaften

Sie haben über sich, Ihre Fähigkeiten und beruflichen Erfolge nachgedacht und wissen, wie Sie wem was vermitteln wollen: genau die richtigen Voraussetzungen für die Erstellung überzeugender Bewerbungsunterlagen.

Sie wissen, was Sie wollen und welche Trümpfe Sie in der Hand halten, haben sich umfassend über den potenziellen Arbeitsplatzanbieter informiert. Nun möchten Sie Ihre schriftlichen Bewerbungsunterlagen erstellen.

WICHTIGER HINWEIS

Sich bewerben bedeutet Werbung in eigener Sache zu machen, für Ihre Person, Ihre Dienstleistung, Ihr Problemlösungs-Know-how, Ihre Arbeitskraft. Mit Ihren Bewerbungsunterlagen geben Sie eine Art Arbeitsprobe, eine berufliche Visitenkarte ab.

Ihre schriftliche Bewerbung soll Aufmerksamkeit wecken und beim Arbeitsplatzanbieter einen positiven Eindruck hinterlassen, der Ihnen zu einer Einladung zum Vorstellungsgespräch verhilft.

Worum geht es auf Arbeitgeberseite? Man möchte wissen, ob Sie genau die Voraussetzungen erfüllen, die man für die ausgeschriebene Stelle benötigt. Die Kriterien für die Position sollten so weit wie möglich mit Ihrem Kompetenzprofil übereinstimmen. Dabei gilt: Es kommt auf die gelungene Darstellung und Ihre Überzeugungsarbeit an.

Selbst erfolgreiche Berufsvertreter mit bestechendem Bildungs- und Erfahrungshintergrund scheitern oft kläglich, wenn sie sich in schriftlicher Form angemessen präsentieren sollen. Etwa 80 von 100 Bewerbungen werden allein aufgrund der mangelhaften formalen Präsentation aussortiert.

Wichtig: Eine gelungene Bewerbung bedeutet viel Vorbereitung und Detailarbeit. Geben Sie sich Mühe, insbesondere bei der formalen Präsentation, und Ihre Bewerbung wird die Aufmerksamkeit bekommen, die sie verdient.

So kommen Sie exzellent rüber

Eine schriftliche Bewerbung besteht aus mehreren Dokumenten, die als »übliche«, »vollständige« oder »aussagefähige« Unterlagen angefordert werden:

Übersicht: Das sind die *üblichen, vollständigen, aussagefähigen* Unterlagen

- Bewerbungsanschreiben (besser nur eine Seite, in seltenen Fällen mehr)
- Lebenslauf (von einer bis zu vier Seiten plus Deckblatt, Anlagenverzeichnis etc.)
- Foto (schwarz-weiß oder Farbe, vor allem sympathisch!)
- Zeugniskopien (Arbeitszeugnisse, Weiterbildungs- und Ausbildungszeugnisse)

Möglich sind auch folgende Anlagen: Zertifikate oder Auflistungen über besondere Schulungen, Kurse, eine Handschriftenprobe, in seltenen Fällen Referenzen, Empfehlungsschreiben und das polizeiliche Führungszeugnis.

Da bei Bewerbungen immer wieder Formfehler gemacht werden, geben wir Ihnen zunächst generelle Empfehlungen für die Gestaltung Ihrer Bewerbungsunterlagen.

Präsentation der Bewerbungsunterlagen

Zunächst entscheiden Sie, wie Ihre Bewerbungsunterlagen aussehen, welche Seiten in welcher Abfolge zusammengestellt und präsentiert werden sollen.

Was soll wie auf welchen Seiten stehen? Wir zeigen Ihnen verschiedene Varianten in Form von Skizzen. Betrachten Sie diese Vorschläge als Anregung. Sie entscheiden selbst, was Sie davon für sich in Anspruch nehmen wollen.

Je differenzierter Sie jede einzelne Seite planen, desto leichter fällt Ihnen die Umsetzung. Ein vorher entwickeltes Konzept hilft Zeit zu sparen. Wie umfangreich Ihre Unterlagen werden, bestimmen Sie. Ob dünn oder stattlich – die Anzahl der beigefügten Seiten hängt vor allem vom Alter und der entsprechenden Berufserfahrung ab.

Wichtig: Versetzen Sie sich in die Personalentscheider: diese haben wenig Zeit und möchten sich nicht durch dicke Bewerbungsmappen quälen. Daher: weniger ist oft mehr, nicht alles, was Sie zu bieten haben, gehört in die Unterlagen!

Version 1

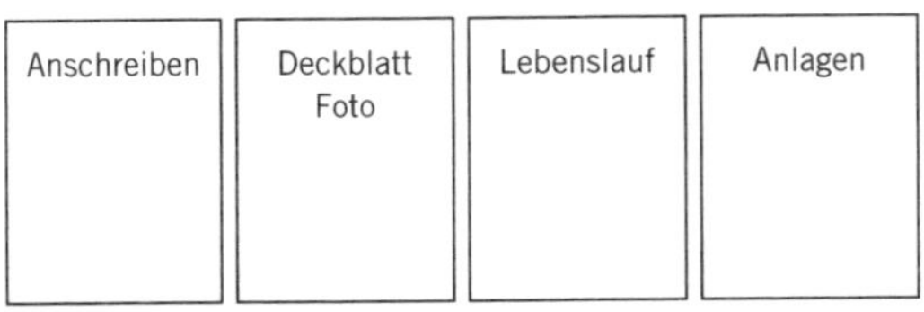

Kommentar: Diese Variante kennen Sie: Das Anschreiben auf einer Seite, außergewöhnlich (wenn auch nicht notwendig) das Extra-Deckblatt. Dann folgt auf einer oder zwei Seiten der Lebenslauf, anschließend die Anlagen wie Arbeits- und Ausbildungszeugnisse etc.

Version 2

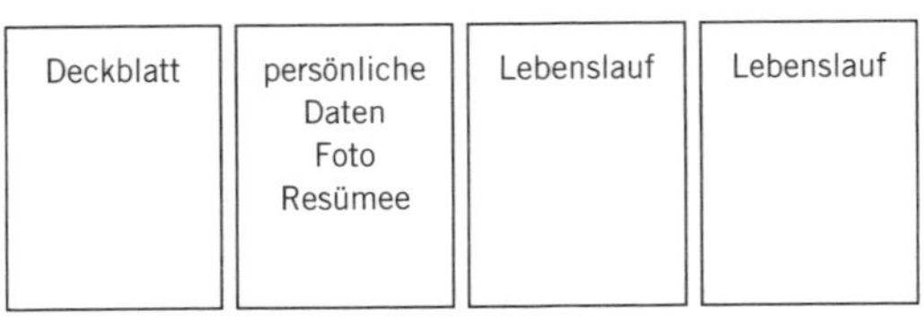

Kommentar: Nach dem Anschreiben (Anschreiben und Anlagen lassen wir im Schema ab jetzt weg) und Deckblatt folgt vor den Lebenslaufdaten eine Seite mit den persönlichen Daten, Ihrem Foto und gegebenenfalls einem Resümee.

Version 3

Deckblatt persönliche Daten	Foto letzte Position davor	Beruflicher Werdegang	Weiter- bildung Studium Schule

Kommentar: Besonders die Einleitungsseiten (Deckblatt, Inhaltsübersicht, Einleitungsseite, erste Botschaften) bis hin zum Lebenslauf sind je nach persönlichem Geschmack ausführlicher oder knapp zu gestalten, möglicherweise auch einzusparen.

Version 4

Deckblatt Foto persönliche Daten	Resümee Fähigkeiten Ausgangs- situation Ziel	Beruflicher Werdegang	Beruflicher Werdegang	Ausbildung Hobbys Interessen

Kommentar: Bereits auf dem Deckblatt wirbt der Kandidat mit seinem Foto und den Sozialdaten. Dann folgt ein Überblick über die Fähigkeiten und die Ausgangssituation sowie die beruflichen Ziele, um auf den beiden folgenden Seiten den beruflichen Werdegang zu präsentieren. Die Ausbildungsdaten sowie Interessen/Hobbys kommen zum Schluss.

Version 5

Inhalt Übersicht	Persönliche Daten Foto Spezial- aufgaben	Werdegang	Werdegang	Weiterbildung Ausbildung	Anlagen- verzeichnis

Kommentar: Das Inhaltsverzeichnis hat hier eine Art Deckblattfunktion, auf der folgenden Seite sieht man das Foto und liest die Sozialdaten sowie eine Auflistung beruflicher Spezialaufgaben beziehungsweise Qualifikationen. Dann die Seite mit dem beruflichen Werdegang. Die Ausbildungsdaten, Interessen/Hobbys kommen wieder zum Schluss. Nicht zu vergessen: eine Extraseite mit dem Anlagenverzeichnis.

Version 6

Deckblatt persönliche Daten	Foto Lebenslauf	Lebenslauf Ausbildung	Sonstige Interessen Hobbys	Dritte Seite	Anlagen-verzeichnis

Kommentar: Auf dem Deckblatt stehen wichtige Sozialdaten des Bewerbers. Auf der nächsten Seite zuerst das Foto, dann Lebenslaufdaten über zwei Seiten, inklusive der Ausbildung am Ende der dritten Seite. Auf der vierten Seite, eventuell nur halbvoll mit »Sonstigen Kenntnissen« und »Hobbys«, könnten Sie bereits unterschreiben. Die neue »Dritte Seite« – hier eigentlich die fünfte – enthält eine spezielle Botschaft für den Leser. Das Anlageverzeichnis rundet die ganze Sache ab.

Übersicht: Zur Abfolge der Unterlagen

- Anschreiben (liegt lose auf Ihrer Bewerbungsmappe)
- evtl. Deckblatt oder Profil
- Lebenslauf (evtl. Foto oben rechts, gut festgeklebt, besser auf Extraseite)
- evtl. Dritte Seite/evtl. Handschriftenprobe
- evtl. Anlagenübersicht
- Arbeitszeugnisse als Kopien in chronologischer Reihenfolge, mit dem neuesten Arbeitszeugnis beginnend
- Schul- und Ausbildungszeugnisse, Abschlüsse usw.
- weitere Unterlagen (s.o.)

Standards, Tricks und Kniffe

In den diversen Ratgebern zu diesem Thema finden Sie Regeln und Empfehlungen, z.B. nur weißes Papier zu benutzen, keinesfalls Hobbys aufzuführen, Ihre Gehaltsvorstellung zu benennen oder nicht und so weiter und so fort. Viele Aussagen sind widersprüchlich und verunsichern eher, als dass sie helfen.

Der Grad der Möglichkeiten ist sicherlich begrenzt, aber letztlich doch so individuell und vielfältig, dass er eine ganze Palette an innovativen und kreativen Möglichkeiten zulässt. Aufgrund unserer über zwanzigjährigen Erfahrung in der Beratung von Bewerbern wissen wir erstens um die »modischen« Entwicklungen und Trends und zweitens um die Gültigkeit des Goethe-Zitats »Erlaubt ist, was gefällt« (was auch im Umkehrschluss gilt: Was gefällt, ist auch erlaubt).

Wenn Sie sich entscheiden, Ihre Bewerbung per Hand auf feuerrotem Papier mit grüner Tinte zu schreiben, kann das bei einem kreativaufgeschlossenen Tätigkeitsbereich durchaus Erfolg haben. Wählen Sie das gleiche Vorgehen für eine Bewerbung bei einer Bank, erhalten Sie postwendend ein Absageschreiben.

Das Patentrezept für die hundertprozentig erfolgreich überzeugende schriftliche Bewerbung gibt es nicht. Und dennoch: Es gelten Spielregeln und deren Berücksichtigung macht Sinn.

Wir stellen Ihnen die zwei wichtigsten Wege (postalisch/elektronisch) und vier entscheidende Formen der schriftlichen Bewerbung vor. Jede bietet konservative bzw. außergewöhnliche Gestaltungsmöglichkeiten.

Übersicht: Diese inhaltlichen und formalen Möglichkeiten haben Sie sowohl bei der postalischen als auch bei der elektronischen Bewerbung

- in Form und Inhalt (Aussage) klassisch und konservativ
- in der Form eher konservativ, inhaltlich unkonventionell
- in der Form eher unkonventionell, dafür inhaltlich eher konservativ
- Form und Inhalt (Aussage) unkonventionell

Um Bewerbungsunterlagen zu erstellen, die sich deutlich positiv vom Durchschnitt abheben, stehen Ihnen eine Reihe ästhetischer Tricks und Kniffe (ab S. 106) zur Verfügung.

Werbung in eigener Sache – die AIDA-Formel

Die beste Werbung in eigener Sache ist erfolglos, wenn nicht sowohl formale als auch inhaltliche Normen berücksichtigt werden.

Ihr Anschreiben und Ihr Lebenslauf zeigen dem Arbeitsplatzanbieter schwarz auf weiß (so die Grundannahme), wie Sie später arbeiten: ob sorgfältig oder schludrig, organisiert oder chaotisch, verschnörkelt oder klar strukturiert. Ihre Chancen, eine Einladung zu bekommen und dadurch den Arbeitsplatz zu erobern, steigen in dem Maße, wie Sie schriftlich brillieren und beweisen, Sie können etwas klar formulieren und überzeugend darstellen (Ihre Problemlösefähigkeiten! S. 16).

Wichtig: Eigenwerbung benötigt viel Zeit. An einem Anschreiben acht Stunden lang zu formulieren ist nicht ungewöhnlich, »alte Hasen« schaffen es vielleicht in der Hälfte der Zeit. Ihr Lebenslauf wird möglicherweise noch mehr Zeit in Anspruch nehmen.

Denken Sie daran: Es geht um den ersten guten Eindruck. In der Werbepsychologie gibt es eine Grundformel, die beschreibt, wie Wirkung erzielt werden kann. Die AIDA-Formel sollten Sie sich für alle Ihre Bewerbungsschritte zu eigen machen.

Übersicht: AIDA steht in diesem Zusammenhang für

A = attention (Aufmerksamkeit für Ihre Bewerbung erzeugen)
I = interest (Interesse an Ihrer Person wecken)
D = desire (Wunsch entstehen lassen, Sie zum Vorstellungsgespräch einzuladen)
A = action (die Handlungsaktivität »Einladung« provozieren)

WICHTIGER HINWEIS

Die meisten Personalentscheider lesen Bewerbungsunterlagen zunächst nicht! Sie überfliegen jedes Blatt und bleiben vielleicht an ein oder zwei interessanten Punkten hängen.

Es kommt vor allem darauf an, mit Ihrer Kontaktaufnahme Aufmerksamkeit und Interesse zu wecken, um eine »Einladung zu einem Vorstellungsgespräch« auszulösen. Stellen Sie alle wichtigen Argumente in kurzer, komprimierter Form dar. Der Leser soll neugierig werden. Mit jeder Seite mehr, auf Ihre weiteren Unterlagen und auf ein persönliches Kennenlernen. Das ist es, was zählt und dafür reichen 20 Sekunden.

Die Erklärung: Insbesondere Lebensläufe werden nicht gerne gelesen, weil sie (in der Regel) langweilig sind. Daher beträgt die durchschnittliche Konzentrationsspanne gerade einmal 20 Sekunden. Das ist sehr wenig Zeit, wenn man bedenkt, dass sich manche Lebensläufe über zwei und mehr Seiten erstrecken und den Ersteller Mühe und Zeit (bis zu 50 Stunden sind keine Seltenheit) gekostet haben.

Ästhetische Regeln

Von der äußeren Form Ihrer Bewerbung schließt der Personalentscheider auf deren Inhalt und natürlich auch auf Sie als Kandidat. Nutzen Sie die Möglichkeiten, sich durch eine besondere Gestaltung von der Masse der konventionellen Bewerbungen abzuheben. Sie sollten aber auch wissen, welche Regeln es bei der Anfertigung Ihrer Unterlagen zu beachten gilt.

Übersicht zu den wichtigsten allgemeinen schriftlichen Gestaltungsregeln

1. Die Maße
Das Fensterfeld (bei Verwendung von Fensterumschlägen) beginnt auf einem DIN-A4-Blatt bei 4 Zentimetern (von oben gerechnet) und geht bis 9 oder 9,5 Zentimeter.

Ihr Briefkopf sollte sich an diesen Maßen orientieren, egal ob nun auf Mitte, rechts oder linksbündig gesetzt oder im oberen beziehungsweise unteren Teil des Briefpapiers.

Bei 10,5 Zentimeter sitzt die Falzmarkierung zum Falten des Blattes. Oben und unten sollten mindestens 1 bis 1,5 Zentimeter Abstand zum Papierrand bleiben, links ca. 2 bis 2,5 und rechts mindestens 1 bis 1,5 Zentimeter.

2. Die Satzart des Textes
Drei verschiedene Textausrichtungen sind zu unterscheiden:
Mittelachse bzw. zentriert: Wählen Sie diese klassische, zentrierte Gestaltung, sollten auch Ihre Lebenslaufvorlagenblätter zentriert sein und nicht plötzlich rechts- oder linksbündige Adressfelder o. Ä. aufweisen.
Rechtsbündig oder linksbündig: Für diese beiden Textausrichtungen gilt dasselbe: bleiben Sie einer Satzart treu, es wirkt in sich logischer, strukturiert und ästhetisch harmonischer.

3. Die Schrift
Es werden drei grundsätzliche Schriftfamilien unterschieden:
a) die Antiquaschriften: erkennbar an den Serifen, das heißt den kleinen Haken an den Buchstaben (wie z. B. Times). Diese Schriften werden hauptsächlich im Buch- oder Zeitungsdruck verwendet. Sie sind klassisch, konservativ und gediegen und eigen sich für Briefbögen, die dieses Image transportieren sollen.

b) die Groteskschriften: erkennbar an klassisch geraden Linien (wie z.B. Helvetica oder Arial). Diese Schriften werden in Werbung und Illustrierten verwendet. Sie sind modern und neutral. Wenn Ihre Bewerbung so wirken sollte, entscheiden Sie sich für diese Schriftart. Vorteil dabei: sie sind durch ihr klares Schriftbild von allen Schriften am besten lesbar.
c) die Schreibschriften: erkennbar an geschwungenen Linien, wie mit Feder oder Pinsel geschrieben (z.B. Monotype). Sie sind eher künstlerisch und verspielt und eignen sich für Schreiben, die ein solches Image transportieren sollen.

Viele dieser Schriften können Sie variieren, indem Sie sie **fett** (z.B. zur Betonung), *kursiv* (wirkt dynamisch) oder auch g e s p e r r t setzen. G e s p e r r t bedeutet mit größerer Laufweite oder einfach mit je einem Leerzeichen zwischen den einzelnen Buchstaben. Beim Wortzwischenraum geben Sie dann auch entsprechend mehr manuelle Leerzeichen ein.

4. Schriftgrößen

Grundtexte, wie zum Beispiel Anschreiben, Lebenslauf und sonstige, schreibt man meist in 11 bis 13 Punkt Größe.
Überschriften, zum Beispiel innerhalb des Lebenslaufes, ca. 2 bis 3 Punkt größer als den Grundtext, also 13 bis eventuell 16 Punkt und fett.
Fensterzeilen (Absender) in 8 oder 7 Punkt, kleiner ist schwer lesbar.
Antiqua- und Schreibschriften sind oft bei gleicher Punktgröße kleiner als zum Beispiel die Helvetica. Hier korrigieren Sie die Schriftgröße nach oben, bis sie Ihnen groß und lesbar genug erscheint.

5. Abstände

Die Abstände zwischen Überschrift und Grundtext sollten möglichst immer dieselben sein. Sie können die Zeilenumbrüche (Return-Taste am PC) einfach mitzählen. Auch Abstände zwischen gegliederten Textabschnitten im Lebenslauf, zu Linien oder zum Papierrand sollten gleich sein. So wirkt die Struktur Ihrer Unterlagen durchdacht und harmonisch.

6. Der Aufbau

Ihre Unterlagen sollten möglichst ein und demselben Schema folgen. Wenn Sie Ihren Text beispielsweise von oben immer auf gleicher Höhe beginnen, ziehen Sie das über die ganze Bewerbungsmappe durch, genau wie wenn Sie Ihre Textblöcke von unten her aufbauen und nach oben hin auslaufen lassen.

7. Übersichtlichkeit

Verwenden Sie nie mehr als zwei verschiedene Schriftarten innerhalb einer Gestaltung: Das beeinträchtigt Übersichtlichkeit und Harmonie. Es ist besser, Sie variieren innerhalb einer Schriftfamilie. Dort gibt es (wie z.B. bei der Helvetica) neben der Grundschrift meist noch **eine fette**, *eine kursive* und eine schmallaufende Variante usw. (siehe Punkt 3).

8. Ihr Briefkopf

Wenn Sie sich einen eigenen Briefkopf gestalten wollen, sollten Sie die Punktgröße für den Namen nicht überdimensioniert groß wählen, Vorschlag: 12 bis 18 Punkt einer normalen Helvetica sind angemessen. Gängige Größen für Adress- und Telefonnummerblock liegen zwischen 10 und 14 Punkt.

DIN 5008 – die wichtigsten Standards

Hinter dieser Nummerierung verbirgt sich seit September 2006 ein verabredeter Standard, wie bestimmte Briefbestandteile, also Anschriftenfeld, Datum oder Telefonnummern, aufzubauen sind. Die DIN 5008 passt sich dabei den internationalen Gepflogenheiten an und Sie tun gut daran, sich ebenfalls umzustellen.

Anschrift: Erst der Name, dann die Straße und Hausnummer und eine Zeile weiter der Ort, beginnend mit der Postleitzahl. Bis vor kurzem wurde zwischen die letzten beiden Zeilen eine Leerzeile gesetzt. Die größte Neuerung ist der Wegfall der Leerzeile im Anschriftenfeld.

Musteranschrift gemäß DIN 5008:

Frau
Petra Becker
Mainstraße 17
70765 Beilhausen

Datum: Hier können Sie zwischen der numerischen oder der alphanumerischen Schreibweise wählen. Bei der numerischen existiert die numerisch nationale (26.04.2005) und die numerisch internationale Variante (2005-04-26). Bei einstelligen Tages- oder Monatsziffern ist dabei immer eine Null voranzustellen. Bei der alphanumerischen Schreibweise schreiben Sie den Monat in Buchstaben (26. April 2005).

Telefonnummern: Diese werden in Ortsvorwahl und Anschluss gegliedert. Bei einem beruflichen Anschluss wird die Durchwahl durch einen Bindestrich von der Hauptwahl getrennt: 0511 1234-567. Bei einer internationalen Nummer wird die Landesvorwahl, zum Beispiel +49, vorangestellt und die Null der Ortsvorwahl weggelassen, also: +49 511 1234-567. Bei Ihrer privaten Telefonnummer könnte das dann so aussehen: +49 511 1234567. Mit Leerzeichen zwischen den Zahlen, etwa nach einem Zweierblock, ist es schwieriger zu lesen …
Prozentzeichen oder das kaufmännische »und« kleben nicht direkt an der Zahl. Ein Leerzeichen lässt Luft. Diese Zeichen vertreten ein Wort, d. h. also 16 % statt 16% oder Mayer & Sohn statt Mayer&Sohn.

Papier: Stärke, Farbe und Design

Kreative Bewerber spielen oft mit Farben und Design: Dabei gehen sie entweder nach ihrem persönlichen Geschmack oder orientieren sich an den Hausfarben (Logo, Gesamtauftritt) der Firmen, bei denen sie sich bewerben. Grundsätzlich spricht nichts dagegen, beispielsweise eine Bewerbung bei der Telekom in magentafarbenem Design zu schreiben. In jedem Fall steckt hinter dieser Gestaltung die erkennbare Mühe eines Bewerbers. Er zeigt, dass er sich mit dem Empfänger seiner Unterlagen intensiv auseinandergesetzt hat. Wenn Sie diese Möglichkeit für sich nutzen wollen, gehen Sie mit viel Fingerspitzengefühl vor.

Entscheiden Sie sich für eine haptisch angenehme Papiersorte (nicht zu dünn, ca. 100 g/m^2) und eine angemessene Farbe (nicht zu grell/bunt). Dabei dürfen Sie die Anlagen in einer anderen Papiersorte und Farbe präsentieren als beispielsweise das Anschreiben und den Lebenslauf. Sie können auch farbige Zwischenblätter nutzen, um so die unterschiedlichen Anlagen schnell auffindbar zu machen (Arbeits-, Ausbildungszeugnisse, Weiterbildungsnachweise, Referenzen etc.).

Lebenslauf – so stellen Sie die Weichen

Es geht nicht wirklich um den Verlauf Ihres bisherigen Lebens. Wo Sie geboren wurden, Ihre Eltern und ggf. Geschwister, Kindergarten und Grund- sowie Oberschule, Ausbildung, frühe berufliche Erfahrungen, Wohnortwechsel, evtl. Heirat und Familiengründung etc. sind nicht das, was interessiert. Ihre Aufgabe ist es, Ihren beruflichen Werdegang zu dokumentieren, damit der Leser sich ein Bild von Ihnen, dem potenziellen Mitarbeiter, machen kann. Mit anderen Worten: ob Sie für den angebotenen Arbeitsplatz im Hinblick auf Ihre zu vermutende, klar dokumentierte Kompetenz, Leistungsmotivation und Gesamtpersönlichkeit in Frage kommen.

Eine komprimierte Beschreibung der aktuellen (oder letzten) Tätigkeit lässt den Leser am schnellsten erkennen, ob jemand für die Lösung seines Problems geeignet ist. Deshalb überlegen Sie vorher, was Sie dem potenziellen Arbeitgeber von sich und Ihrem Problemlösungs-Know-how an Infos anbieten.

Zum besseren Verständnis: Das Kaufhaus des Westens sucht einen leitenden Servicemanager »WC-Sanitär«. Zehn WC-Einrichtungen (mit insgesamt 25 Mitarbeitern) stehen für täglich 50.000 Kunden und über 500 Mitarbeiter zur Verfügung: sie müssen optimal gemanagt werden. Beispielbewerber Niko Nichtsgut schreibt: *Ich bin geboren…, aufgewachsen… Meine Eltern… zur Grundschule gegangen… habe die Oberschule in… besucht, eine Lehre als Gastronomiehelfer erfolgreich abgeschlossen, bei der Firma Sowieso gearbeitet von… bis… dann da und dort und auch noch anderswo bevor ich eine Umschulung gemacht habe als… um dann…*

Sie merken, liebe Leserin, lieber Leser, wie langweilig diese Vorgehensweise ist!

Kandidat Herr Sony Schlau schreibt (nach den üblichen Sozialdaten, Name, Geburtsdatum …) dagegen Folgendes: *seit Mitte 2005*

McClean, Hauptbahnhof Berlin, stellvertretender Serviceleiter, ich bin verantwortlich für unser 500 qm großes Objekt mit täglich bis zu 3.000 Besuchern und 5 Mitarbeiter und habe gerade bei einem firmeninternen Wettbewerb mit unserem Objekt den zweiten Preis in Sachen Hygiene und Kundenfreundlichkeit belegen können, davor war ich ...

Klar, wer hier das Rennen macht!

Übersicht: Was ein guter Lebenslauf bewirkt

- Im Kopf des Empfängers entsteht ein klares Bild Ihrer beruflichen Fähigkeiten und Erfolge, Ihrer Ausbildung und früheren Tätigkeiten.
- Er ruft Interesse hervor und verschafft Ihnen Einladungen zu Vorstellungsgesprächen.
- Er erleichtert Ihr Auftreten im Gespräch.
- Er unterstützt Sie beim Aufbau eines Beziehungsnetzes und ermöglicht es Ihnen, über Ihre nähere Umgebung hinaus für sich zu werben.

Ihr *Lebenslauf* (besser beruflicher Werdegang, wir schreiben deswegen ab jetzt Lebenslauf immer kursiv) ist vor allem eine Dokumentation, die den Arbeitsplatzanbietern schwarz auf weiß vermitteln soll, wer und wie Sie sind, vor allem aber, was Sie an Problemlösungskompetenz anzubieten haben. Stellen Sie sich vor, Ihre Bewerbungsmappe liegt in einem Stapel mit 500 anderen. Wie unterscheidet sie sich von den Unterlagen Ihrer Mitbewerber? Was können Sie tun, um die Aufmerksamkeit des Lesers, um Interesse und vielleicht sogar Neugier zu wecken?

Die Darstellung Ihres beruflichen Werdeganges stellt die entscheidende Weiche für eine Einladung zum Vorstellungsgespräch. Eine von uns durchgeführte Befragung in den Personalabteilungen führender Unternehmen zeigte: Für 90 Prozent aller Chefs ist die Analyse des Lebenslaufs entscheidendes erstes Auswahlkriterium, nicht das Anschreiben. Was nur unter der Hand zugegeben wird: Das Foto ist der wirkliche Schlüssel, der Ihnen die Tür zum neuen Arbeitsplatz aufschließt. Mehr dazu ab S. 69.

Aus diesem Grund fangen wir mit der Gestaltung Ihres »beruflichen Werdeganges« an und nicht mit dem Anschreiben. Dazu kommen wir noch, wenn alles andere zusammengestellt ist. Die Präsentation Ihrer wichtigsten beruflichen Erfahrungen sollte perfekt sein, die

Formulierung sorgfältig und informativ. Rechnen Sie mit einem Zeitaufwand von zehn bis dreißig Stunden.

Der tabellarische *Lebenslauf* gibt Ihrem potenziellen Arbeitgeber in kurzer Form eine Übersicht über Ihren beruflichen Werdegang und Ihre Erfahrungen. Alle wichtigen Daten sind daraus ersichtlich, Schwerpunkte in Ausbildung und Beruf sollte der Leser ohne Mühe entnehmen können. Alle Informationen werden kurz und prägnant und in einem geordneten Ablauf dargestellt.

Hinweis: Jeder *Lebenslauf* ist nur einmal verwendbar; er ist nicht recycelbar und sollte – ebenso wie das Bewerbungsanschreiben – der jeweiligen Bewerbung angepasst werden. Versenden Sie keine Kopien, das kränkt den Empfänger!

Was Sie beachten sollten

Ihr *Lebenslauf*, Ihre aktuellen oder zuletzt ausgeübten beruflichen Tätigkeiten, Ihr Werdegang sind Dokumente Ihrer Lebensführung. Personalentscheider sehen darin Grundlinien Ihrer Biografie und lesen wesentliche Charaktermerkmale heraus. Gestaltung und Inhalt des *Lebenslaufes* lassen Rückschlüsse darauf zu, wie Sie Ihr Leben anpacken: gezielt planerisch oder eher larifari, sorgfältig bis zwanghaft oder mutig und ungewöhnlich bis chaotisch. Geben Sie negativen Interpretationen keinen Raum. Nutzen Sie die Regeln für sich.

Zwei Aspekte sind es primär, denen Arbeitsplatzanbieter beim Studium Ihres Lebenslaufes nachgehen: Zeitfolge- und Positionsanalyse.

Die *Zeitfolgeanalyse* wird erstellt, um möglichen Lücken in Ihrer Biografie auf die Spur zu kommen. Hinter »weißen Stellen« vermutet man Ungutes. Genauer unter die Lupe nimmt Ihr Chef auch die Zahl der Arbeitsplätze in einem bestimmten Zeitraum: Findet ein Arbeitsplatzwechsel in zu kurzen Abständen statt (d.h. deutlich unter fünf Jahren), deutet das auf Schwierigkeiten oder mangelndes Durchhaltevermögen hin.

Bei jüngeren Bewerbern sieht das anders aus als bei älteren. Wer jung ist, darf ausprobieren. Umgekehrt gilt: Wer erst nach zehn oder fünfzehn Jahren wechselt, dokumentiert Ängstlichkeit und mangelnde Flexibilität. Das sieht nach geringer Risikobereitschaft und mäßigem Lernwillen aus.

Die *Positionsanalyse* untersucht Auf- und Abstieg, Berufs- und Arbeitsgebietswechsel. Der Personalentscheider fragt sich: Ist Ihre Biografie geradlinig und logisch nachvollziehbar? Kann man in ihr eine Lebens- oder sogar Laufbahnplanung entdecken? Haben Sie ziellos im Leben mal dies, mal jenes gemacht? Sind Sie planvoll und konsequent vorgegangen oder eher ein Hansdampf in allen Gassen?

Folgendes Schema ist eine hilfreiche Orientierung für die Gestaltung Ihrer Bewerbungsunterlagen insgesamt. Nehmen Sie dieses Gerüst als Basis, um Ihre eigene Präsentation zu entwickeln:

Übersicht: Aufbau Ihres Lebenslaufs (die Abfolge bestimmen Sie selbst)

Persönliche Daten

- Vor- und Zuname
- ggf. Berufsbezeichnung
- Anschrift, Telefon, ggf. Handy, E-Mail (besser auf der Deckblattseite, s. S. 40)
- Geburtsdatum und -ort
- evtl. Religionszugehörigkeit (nur wenn arbeitsplatzbezogen wichtig)
- evtl. Familienstand, ggf. Zahl und Alter der Kinder
- ggf. Name und Beruf des Ehepartners (muss nicht sein)
- Staatsangehörigkeit (bei Ausländern oder Namen, die diese Erklärung sinnvoll erscheinen lassen)

Berufstätigkeit

- Arbeitgeber (Orte und Zeitangaben)
- Positionen, evtl. Kurzbeschreibung
- ggf. Verantwortung, Ergebnisse, Ziele
- Abschluss/Berufsbezeichnungen
- Art der Berufsausbildung
- Ausbildungsfirma/-institution (mit Ortsangabe)

Berufliche Weiterbildung

- alles, was mit der Berufspraxis in Zusammenhang steht

Außerberufliche Weiterbildung

- Kurse

- Vorsicht bei der Auswahl: Fremdsprachen ja, Fallschirmspringen und psychologische (Selbstfindungs-)Kurse nein

Ggf. Hochschulstudium

- Fach/Fächer
- Universität und Abschlüsse
- ggf. Schwerpunkte
- ggf. Thema der Examensarbeit/Promotion (wenn nicht länger als 5–10 Jahre zurück)

Schulausbildung

- Schulabschluss (Zeitangabe in Jahren)
- besuchte Schulen (Typen angeben, wenn der Schulbesuch nicht länger als fünf Jahre her ist)

Besondere Kenntnisse

- Fremdsprachen, EDV, Führerschein, andere Scheine und Qualifikationen

Hobbys/Interessen, ehrenamtliches oder soziales Engagement, Sport, Politik

- überlegen Sie stets, welches Bild Sie dabei von sich entwerfen und ob diese Tätigkeiten zu Ihrer Bewerbung um diesen Arbeitsplatz passen

Sonderinformationen

- z.B. über Auslandsaufenthalte, Praktika
- hier könnten Sie auch eine zusätzliche Erklärung unterbringen, warum Sie diesen Arbeitsplatz wünschen

Foto

- ein professionelles Foto z.B. oben rechts auf den Lebenslauf kleben oder besser auf eine Deckblattseite (s. S. 40). Das Foto nicht klammern oder heften

Ab Seite 84 werden wir die weiteren Anlagen wie Zeugnisse, Weiterbildungsnachweise, ggf. Referenzen, ggf. Arbeitsproben vorstellen, dann das Anschreiben, die Verpackung und den Versand.

Leitfaden Lebenslauf

- Leitfaden sind die Keywords: Kompetenz, Leistungsmotivation, Persönlichkeit
- Konzentrieren Sie sich auf Leistungen (Ergebnisse), Fähigkeiten und Persönlichkeitsmerkmale, die Sie vor- und beweisen können.
- Schreiben bzw. sagen Sie möglichst nichts, was Sie nicht auch ggf. (mündlich) beweisen könnten.

- Je weiter Sie in der Zeit zurückgehen, desto weniger Einzelheiten sollten Sie nennen. Zeigen Sie dem Arbeitgeber Ihre jüngsten Erfolge, die sich unmittelbar auf die aktuellen Anforderungen des Arbeitsmarktes beziehen. Wenn Sie vor zehn Jahren ein EDV-Experte waren, interessiert das heute niemanden mehr.
- Ihr Lebenslauf muss leicht zu lesen sein. Achten Sie deshalb auf richtige Abstände und Ränder und vermeiden Sie Überfüllung.
- Gebrauchen Sie Abkürzungen nur, wenn sie eindeutig sind. Seien Sie klar und präzise.
- Belegen Sie Erfolge nach Möglichkeit mit Zahlen.
- Orientieren Sie sich an unseren Beispielen, aber entwickeln Sie auch eigene Ideen.
- Vermeiden Sie Übertreibungen und nichtssagende Ausdrücke.
- Manche Bewerber nennen in ihren Lebensläufen die genauen Daten oder Monate, in denen sie ein Studium oder eine Arbeit aufnahmen. Für länger Zurückliegendes ist es jedoch besser, nur das Jahr anzugeben. Wenn Sie während Ihrer Tätigkeit für einen Arbeitgeber befördert wurden, können Sie den entsprechenden Monat in Klammern hinter die einzelnen Berufs- bzw. Kompetenzbezeichnungen setzen.
- Liefern Sie nur so viele Informationen, dass das Interesse des Lesers geweckt wird; zu viele Details können Ihnen schaden.
- Den Arbeitgeber interessiert, ob Sie über die Kenntnisse verfügen, die er braucht. Wenn aus Ihrem Lebenslauf nicht deutlich die entsprechende Kompetenz hervorgeht, wird es keine Einladung zum Vorstellungsgespräch geben.
- Testen Sie Ihren Lebenslauf, bevor Sie ihn losschicken. Bitten Sie Freunde um ihre Eindrücke, nutzen Sie Ihr Beziehungsnetzwerk. Achten Sie darauf, wie Ihr Lebenslauf ankommt. Vermittelt er eine überzeugende Botschaft? Tritt Ihre Aussage deutlich genug hervor? Ist Ihr Lebenslauf interessant? Hat er die Kraft, auf Sie neugierig zu machen?
- Ihr Lebenslauf ist wie ein Foto von Ihnen. Sie müssen sich mit ihm als »Werbemittel« wohl fühlen. Wenn er Sie nicht von Ihrer besten Seite zeigt, überarbeiten Sie ihn so lange, bis dieses Ziel erreicht ist.
- Mit jedem faulen Kompromiss verschwenden Sie Zeit und Geld, geben Sie sich daher bei der Erstellung Ihrer Unterlagen stets Mühe!

Die wichtigsten Gestaltungsmerkmale

Die wesentlichen Prinzipien bei der Gestaltung Ihres Lebenslaufs sind Kürze und Klarheit. Die Informationen und Argumente, die für Ihre Person sprechen, müssen auf den ersten Blick überzeugen.

Form

Computergeschriebene Lebensläufe sind die Regel und transportieren auch optisch Kürze und Klarheit. Eine Seite – in Ausnahmen auch bis zu vier Seiten – ist ausreichend. Handgeschriebene Lebensläufe sind nur auf ausdrückliche Aufforderung einzureichen, es sei denn, Sie wollen verblüffen (und haben eine schöne, gut leserliche Handschrift).

Gliederung

Am meisten verbreitet ist die *chronologische Variante*. Hier werden die Eckdaten der Zeitfolge nach notiert, angefangen mit der Geburt, Kindergarten, Grundschule, Oberschule, Ausbildung, erster Job, zweiter usw. Das kann langweilig sein. Besser, man fängt andersherum an: letzter Job, der davor usw.

Die anderen Varianten arbeiten mit *Oberbegriffen*. Sie gliedern Ihre berufliche Entwicklung nach Themenschwerpunkten und nicht nach einer zeitlichen Abfolge. Sie sind jedoch nur eingeschränkt zu empfehlen, da sie eher unübersichtlich wirken und der Leser zwischen den einzelnen Stationen hin und her springen muss, um zu erkennen, wann Sie was gemacht haben.

TIPP

Was die Chronologie der Tätigkeiten angeht, hat es sich als besonders vorteilhaft erwiesen, die amerikanische Vorgehensweise zu übernehmen. Sie starten mit der aktuell ausgeübten Tätigkeit und Position und informieren genauer. Je weiter Sie dann in die Vergangenheit zurückschauen, desto weniger geben Sie an.

Inhalt

Dem *Lebenslauf* will man schnell entnehmen, ob Sie sowohl aufgrund Ihrer fachlichen Kompetenz als auch aufgrund Ihrer Leistungsbereitschaft infrage kommen. Wichtig ist dabei der Eindruck Ihrer Persönlichkeit, der sich an der Entscheidungstrias Foto, Freizeitangaben und Unterschrift festmacht.

Viele Angaben im *Lebenslauf* sind »Kann-Bestimmungen«. Die Angabe des Familienstandes ist beispielsweise nicht notwendig. Abzuraten ist von Selbstbeschreibungen wie »geschieden« oder »wiederverheiratet« – ggf. schreiben Sie »verheiratet« oder »unverheiratet«. Besonders Frauen sollten die Zahl und das Alter kleiner Kinder nicht (auch keine Namen) nennen. Wenn Kinder aus den betreuungsintensivsten Jahren (ab zwölf) heraus sind, kann es allerdings von Vorteil sein, ihr Alter anzugeben. Auf diese Weise können Sie eventuelle Arbeitgeberängste entkräften, wegen Ihrer Kinder nicht voll einsatzfähig zu sein.

WICHTIGER HINWEIS

Besonders bei Frauen sind die beruflichen Wege oft verschlungen. Hüten Sie sich jedoch vor allzu großer Bescheidenheit. Wenn Sie eine Kinder- und Familienphase hinter sich haben, so gibt es nichts zu verstecken. Sie waren nicht »Nur-Hausfrau«, sondern Chefin eines kleinen Familienunternehmens (Sie haben zu Hause gelernt, einen »Betrieb« in Gang zu halten und dessen Mitglieder fortwährend zu motivieren). Auf den Gebieten soziale Kompetenz, Organisationsvermögen, Flexibilität, Belastbarkeit und Zeitmanagement macht Ihnen so leicht niemand etwas vor.

Ihr beruflicher Werdegang: alle Abschnitte und Abfolgen

Was ist erlaubt?

Es besteht kein Zwang, die Abfolge der *Lebenslauf*abschnitte in einer ganz bestimmten Reihenfolge zu präsentieren. Wenn Sie die persönlichen Daten bereits an anderer Stelle in aller Ausführlichkeit abgehandelt haben (z. B. auf dem Deckblatt oder einer Einleitungsseite), können Sie mit der aktuellen Berufstätigkeit beginnen, gefolgt von der beruflichen Weiterbildung und besonderen Kenntnissen. Die Schulausbildung und sonstige erwähnenswerte Interessen (Hobbys, Engagement) bilden dann den Abschluss.

Der Leser muss schnell einen guten Überblick über die von Ihnen als wichtig erachteten Informationen bekommen. Solange Sie das beachten, haben Sie völlige Freiheit in der Gestaltung der Reihenfolge. Als Grundregel gilt jedoch immer: Seien Sie sich darüber im Klaren, welche Botschaft Sie durch die von Ihnen gewählte Informationsabfolge vermitteln wollen. Versuchen Sie einzuschätzen, wie erfolgreich Sie damit bei Ihrem Empfänger sein könnten.

Persönliche Daten

Übersicht: Muss- und Kann-Kriterien

- Vor- und Zuname
- Berufsbezeichnung
- eventuell Ihr berufliches Ziel
- eventuell Ihre berufliche Ausgangssituation
- Geburtsdatum und -ort
- eventuell Familienstand
- eventuell Zahl der Kinder
- komplette Anschrift mit Telefon-, Handy- und eventuell Faxnummer, E-Mail-Adresse
- eventuell Name und Beruf des Ehepartners
- eventuell Religionszugehörigkeit (üblich für Bewerbungen bei Betrieben mit eindeutiger Ausrichtung, z.B. Caritas etc.)

- eventuell Staatsangehörigkeit (nur wenn Sie die deutsche nicht haben bzw. Ihr Name so klingt, als seien Sie ausländischer Herkunft)

Neben den aufgezählten Inhalten können Sie bisweilen schon an dieser Stelle auf besondere Erfolge, Interessen oder Hobbys hinweisen. Wenn sie zum gesamten Persönlichkeitsbild beitragen, ist die Erwähnung bereits hier gerechtfertigt. Das Gleiche gilt für Mitgliedschaften in Parteien, Gewerkschaften oder anderen Einrichtungen und Institutionen.

Bei der Ausgangssituation bitte die Formulierung »arbeitssuchend« oder schlimmer: »arbeitslos« vermeiden; Namen und Berufe der Eltern sowie gegebenenfalls der Geschwister sollten bei gestandenen Bewerbern auf keinen Fall angeführt werden; sind Ihre Kinder in einem betreuungsintensiven Alter, lassen Sie die Altersangaben (oder überhaupt die Auskunft über Ihre Kinder) lieber weg.

Nach der Namensangabe (direkt gefolgt von der Berufsbezeichnung bzw. dem Bewerbungsziel) kann die Abfolge modifiziert werden. Alle persönlichen Daten haben gegebenenfalls auch Platz auf dem Deckblatt oder der ersten Seite (s. S. 40) und können hier wie dort durch das Foto sinnvoll flankiert werden (s. S. 69). Sollten Sie sich entschließen, den Schwerpunkt dieser Daten an anderer Stelle abzuhandeln, reicht allein schon die Angabe von Name und Berufsbezeichnung, um zur nächsten Rubrik überzugehen.

Schulausbildung

An dieser Stelle können Sie getrost sparsam mit Detailinformationen umgehen, die ausführliche Nennung von beispielsweise zwei Grundschulen (wegen eines Umzugs der Eltern) ist überflüssig und ohne jegliche Relevanz für Ihr aktuelles Bewerbungsvorhaben.

Glatte Jahreszahlen reichen aus, und wann genau Sie das Abitur mit welcher Durchschnittsnote absolviert haben oder die Realschule verließen, spielt bei Bewerbern ab 35 Jahren keine Rolle mehr. Zweiter Bildungsweg und Abendgymnasium sind Kennzeichen Ihrer besonderen Leistungs- und Lernmotivation und sollten deshalb auch angemessene Erwähnung finden.

WICHTIGER HINWEIS

Je länger Ihre Schulzeit zurückliegt, desto komprimierter können Ihre Informationen sein. Falls Ihre Schulzeit aufgrund einiger »Ehrenrunden« etwas länger gedauert haben sollte: keine Erklärungen, es sei denn, Sie sind 20 Jahre jung und suchen einen Ausbildungsplatz.

Wehr- beziehungsweise Zivildienst, freiwilliges soziales Jahr

Ob Sie bei der Marine als Funker tätig waren, in einem Kinderheim für Schwerstbehinderte Ihren Zivildienst absolviert haben oder sich für ein freiwilliges soziales Jahr in Afrika entschieden haben: dieser Abschnitt stellt u. U. eine relevante Information dar. Diese wird je nach Arbeitgeber anders interpretiert und kann von Ihnen auch dazu genutzt werden, bestimmte Entwicklungen (Stichwort: emotionale Intelligenz) glaubhaft erkennen zu lassen.

Zur Zeitangabe: gegebenenfalls Monat und Jahr, wenn länger zurückliegend, reicht die Jahresangabe.

Berufs- beziehungsweise Hochschulausbildung

Bei Fach- und Hochschulabsolventen sind Fachhochschule beziehungsweise Universität mit Ortsangabe, die Studienfächer und die Abschlüsse differenzierter darzustellen. Eventuell können Sie diese noch ergänzen durch den Hinweis auf Studienschwerpunkte, bekannte Professoren und das Thema der Abschlussarbeit oder der Dissertation. Die Noten für diese Arbeiten sollten ebenso aufgeführt werden wie die Gesamtabschlussnote.

Liegt kein Hochschulabschluss vor, nennen Sie lediglich alle relevanten Daten bis auf den fehlenden Abschluss. Ehrenerklärungen brauchen Sie hier nicht abzugeben.

Die Berufsausbildung erfordert wenig an Information: Angaben zum Ausbildungsfach und -betrieb mit entsprechender Zeitangabe genügen. Das Nennen der Abschlussnote ist, wenn es länger als fünf Jahre zurückliegt, eher unüblich. Als Zeitangabe Monat und Jahr aufführen, wenn alles länger zurückliegend, reicht die Jahresangabe.

Berufstätigkeit

Diese Rubrik ist von zentraler Bedeutung für das Bild, das sich der Leser Ihrer Bewerbungsunterlagen von Ihnen und Ihrer beruflichen

Kompetenz macht. Zeigen Sie an dieser Stelle, womit Sie glänzen können. Wenn ein gestandener Berufsvertreter, der fünf Jahre lang eine Maschinenfabrik erfolgreich als Geschäftsführer geleitet hat, in seinem Lebenslauf mit den einfachsten Diensten beginnt (vom 1.1.1980 – 31.12.1983: Feinblechner bei der Firma XY), nimmt er sich die Chance, den potenziellen Arbeitgeber schnell zu beeindrucken. Deshalb besser mit der jüngsten, der aktuellsten Position anfangen.

Auf Arbeitgeber kann unterschiedlich ausführlich eingegangen werden, genau wie auf die besondere Aufgabenstellung und Verantwortlichkeit und den von Ihnen erzielten Erfolg. Die aktuelleren Daten sind wichtiger und erfordern mehr Informationen als die zeitlich deutlich weiter zurückliegenden. Orts- und Zeitangaben, zumindest für die letzten fünf bis zehn Jahre, verstehen sich von selbst.

Sie können auch unter dieser Rubrik die Berufsausbildung aufführen. Liegt diese noch nicht lange zurück, verweisen Sie auf besondere Schwerpunkte, wenn es zur angestrebten neuen Position und Aufgabe passt. Unsere Beispiele (s. S. 122ff.) vermitteln den Gestaltungsspielraum, der Ihnen zur Verfügung steht.

Berufliche beziehungsweise außerberufliche Weiterbildung

Alle beruflichen und ergänzenden Maßnahmen, die Ihre Kenntnisse und Fähigkeiten vorangebracht haben, werden hier genannt. Von klassischen Weiterbildungsmaßnahmen des Arbeitgebers bis hin zu privat initiierten Fortbildungsaktivitäten wie zum Beispiel dem Erlernen der japanischen Sprache. Alles ist erlaubt, wenn es gefällt. Manche Kandidaten führen an dieser Stelle (mangels Masse?) auch die Besuche von Fachtagungen und Messen auf. Hier sind Orts- und Zeitangaben nicht bis ins letzte Detail notwendig. Die einfache Jahreszahl ist ausreichend, es sei denn, eine Weiterbildung war deutlich längerfristig (auf mehrere Wochen, Monate) angelegt.

Besondere Kenntnisse

Diese Rubrik ist nicht zwingend notwendig, bietet aber gute Möglichkeiten, auf bestimmte, für die aktuelle Bewerbung relevante Qualifikationen aufmerksam zu machen. Sprach- oder EDV-Kenntnisse, spezielle Zertifikate, vom Führerschein bis zur Ausbilderlizenz, haben hier – wie immer nach sorgfältiger Abwägung – ihren Platz.

Engagement/Hobbys/Interessen/Sonstiges

Diese Rubrik ist alles andere als überflüssig! Mit den dort gemachten Angaben können Sie Sympathie gewinnen und wichtige Anknüpfungspunkte für das Vorstellungsgespräch schaffen.

Ob ehrenamtlicher Schöffe oder Mitarbeiter der Telefonseelsorge, Sie werden mit derlei Auskünften zu dem Bild beitragen, das man sich von Ihnen macht. Achten Sie dabei auf die Auswahl und überlegen Sie, ob das Hobby zu Ihrem Alter und der von Ihnen angestrebten Position passt. Semiprofessionelles Internet-Webdesign wird anders aufgenommen als leidenschaftliches (und gefährliches) Drachenfliegen. Wenn es Ihnen durch die Auswahl Ihrer Hobbys gelingt, Ihr Gegenüber zum Mitschwingen zu bringen, kann das Tür und Tor öffnen. Auch das eine oder andere Auslandssemester (oder ein Aufenthalt ab etwa drei Monate) kann an dieser Stelle vermerkt und vermarktet werden.

Aktives Musizieren, besondere Sportarten, begeistertes Kochen, Spezialreisen oder Reptilienzucht sind thematische Anknüpfungspunkte, die nicht ohne Wirkung bleiben. Aus unserer täglichen Beratungspraxis in den Büros für Berufsstrategie wissen wir um die damit erzielten positiven Effekte.

Ort, Datum, Unterschrift

In der Regel unterschreiben Sie hier den *Lebenslauf*, alternativ die »Dritte Seite« (s. S. 109). Es steht Ihnen frei, ob Sie Ort und Datum hand- oder lieber maschinen-/computerschriftlich gestalten.

Wichtig: Manche Kandidaten unterschreiben unleserlich und riesengroß oder viel zu klein oder sogar in Druckbuchstaben. Das sollten Sie vermeiden. Nicht selten wird Ihre Unterschrift von der Auswahlkommission analysiert und bewertet. Bemühen Sie sich also um eine »normale«, leserliche Unterschrift. Benutzen Sie einen hochwertigen Stift, zum Beispiel einen Füller (nicht: Kugelschreiber, Filzschreiber, Bleistift). Ob Sie in königsblauer Tinte oder in einer anderen Farbe »auftreten«, kann diskutiert werden, aber die Fälle, in denen rote oder lila Tinte passt, sind eher selten (s. S. 44). Und bitte immer mit vollem Vor- und Zunamen unterschreiben!

Übersicht: Wo Sie unterschreiben

- Anschreiben (ein Muss)
- Lebenslauf (ein Muss, wenn nicht hier, dann Dritte Seite)
- Dritte Seite (optional)
- Deckblatt/Foto (optional)

WICHTIGER HINWEIS

Angaben über Ihre Glaubensrichtung und Ihre gewerkschaftliche oder politische Orientierung gehören nur in wirklich begründeten Ausnahmefällen (z.B. Bewerbung bei Kirche/Gewerkschaft/Partei) in die Bewerbung. Ihre Vermögensverhältnisse und Ihr Gesundheitszustand kommen grundsätzlich nicht in den Lebenslauf.

Leider werden derartige Informationen später unzulässigerweise im Personalfragebogen abgefragt. Sie sollten in einem solchen Fall wissen, dass Sie bei unzulässigen Fragen im Bewerbungsverfahren das verbriefte Recht auf Notlügen haben.

TIPP

Behalten Sie stets eine Kopie aller abgeschickten Unterlagen. Nur dann wissen Sie genau, was der Arbeitgeber schwarz auf weiß von Ihnen in Händen hält. Das Gedächtnis kann nach vier bis sechs Wochen trügen. Lesen Sie alle Details nach, bevor Sie zu Ihrem Vorstellungsgespräch gehen.

CHECKLISTE: LEBENSLAUF

Haben Sie ...

- ☐ sich eine Abfolge der Lebenslaufdaten überlegt (Dramaturgie mit oder ohne Deckblatt, Dritte Seite, Anlageverzeichnis etc.)?
- ☐ festgelegt, wie Sie die Daten präsentieren werden – von der Vergangenheit zur Gegenwart oder vom Jetzt in die Vergangenheit, wie heute immer mehr bevorzugt?
- ☐ eine sinnvolle Themenauswahl, Blöcke wie Berufstätigkeit, Ausbildung, sonstige Fähigkeiten, Interessen etc. getroffen?
- ☐ klare Aussagen, Botschaften bezüglich Ihres Könnens, Ihrer Leistungsbereitschaft und Ihrer persönlichen Wesensart eingearbeitet?
- ☐ alle wichtigen Absendekontaktdaten aufgeführt wie Adresse, Handy, E-Mail?
- ☐ die Darstellung Ihrer wichtigsten Tätigkeiten pro Job gut und informativ aufbereitet?
- ☐ darauf geachtet, dass Ihre Daten lückenlos wirken?
- ☐ die beiden letzten, evtl. die aktuelle und die berufliche Station davor ausführlicher beschrieben?
- ☐ Ihre Erfolge, das, was Sie bewirkt haben, gut herausgestellt, Sonderaufgaben benannt?
- ☐ Veränderungen in Ihren Aufgaben innerhalb einer Firma berücksichtigt und gut dargestellt?
- ☐ einen roten Faden in Ihrer beruflichen Entwicklung erkennen lassen?
- ☐ an Infos zu Ihrer Weiterbildung (z.B. Fachmessebesuche, Kurse, Fachzeitschriften etc.) gedacht?
- ☐ sonstige Kenntnisse (z.B. EDV, Sprachen, Führerschein) berücksichtigt?
- ☐ etwas über Ihre Interessen, Ihr Engagement, Ihre Hobbys mit aufgenommen?
- ☐ Ihre Unterschrift (voller Vor- und Zuname, gut leserlich), Ort und Datum nicht vergessen?
- ☐ Ihren Lebenslauf kritisch und sehr sorgfältig gegenlesen lassen?
- ☐ ein schönes Design, eine ansprechende Form gefunden, gut lesbar, keine Bleiwüste (Schriftgröße 11 bis 13), sodass es angenehm ist, in Ihren Unterlagen zu blättern?

Dann kann ja jetzt nichts mehr schiefgehen. Und wir kommen zu den Beispielen.

Birgit Müller
* 27.09.1968 in Hamburg
ledig, keine Kinder

Angestrebte Tätigkeit: Sachbearbeiterin

Berufserfahrung

04/2006–12/2007	**Altvater Chemie-Werke AG** **Berlin** Position: Informationsmanagement Literaturrecherchen, Datenbankarbeit, Öffentlichkeitsarbeit
04/2001–03/2006	**Pharma Grün** **München** Position: Informationsmanagement Informationsplanung, Organisation, Fachkorrespondenz Erstellung von Werbemitteln
06/1997–03/2001	**Institut für Dokumentation** **München** Ausbildung u. Anerkennungsjahr als staatl. geprüfte Dokumentarin Schulung in Informationsmanagement, EDV u. Wirtschaftsenglisch
10/1992–04/1997	**Chemie AG** **München** Position: Chefsekretärin
1988–1992	**Industriekauffrau** **Hamburg**

Schul- und Berufsausbildung

1989–1992	**Staatliches Abendgymnasium** **Hamburg** Abschluss: Abitur
1984–1988	**Ausbildung zur Industriekauffrau** **Hamburg**
1974–1984	**Haupt- und Handelsschule** **Hamburg**

Sprachkenntnisse

sehr gute Englischkenntnisse in Wort und Schrift
gute Orthografie-, Interpunktions- und Grammatikkenntnisse der deutschen Sprache
Korrespondenzerfahrung

EDV-Erfahrung

Textverarbeitung mit Word
Tabellenkalkulation mit Excel

Kurzschrift

gute Stenografiekenntnisse und schreibtechnische Fertigkeiten

Führerschein

Klasse B

Engagement

Mitglied im Naturwissenschaftlichen Verein Berlin

Interessen

Wandern, Literatur des Bethel-Kreises

Zu meiner Person

Mein Lebenslauf steht für kontinuierliche Weiterbildung, Leistungsbereitschaft und Lernfähigkeit. Das Abitur am Abendgymnasium und die Qualifizierung zur Dokumentarin belegen dies.

Ich verfüge über fundierte Erfahrungen in den Bereichen Organisation und Administration. Zu betonen sind meine guten Sprachkenntnisse und deren Anwendungssicherheit.

Die Arbeit hat in meinem Leben, da ich Single bin, einen besonderen Stellenwert, sodass Arbeitsaufgaben für mich eine wichtige Rolle spielen. Ich würde mich sehr gern mit vollem Engagement der von Ihnen beschriebenen Aufgabe widmen.

Berlin, 1. Februar 2008

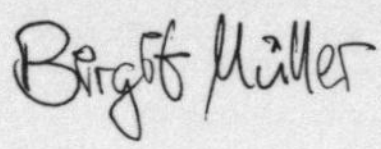

Lebenslauf

Andreas Adler
geb. 15.3.1974 in Berlin,
verheiratet

Schulausbildung

1981 - 1988	Grundschule und Gymnasium in Wolfsdorf
1989 - 1994	Aufbaurealschule und Höhere Handelsschule

Berufsausbildung / Berufspraxis

Sep. 94 - Jan. 97	Ausbildung zum Bürokaufmann bei den Tiptop Farbenfabriken, Wolfsdorf
Feb. 97 - Dez. 02	Verkaufssachbearbeiter bei ABC Weiß GmbH
Jan. 03 - Sep. 03	Exportsachbearbeiter bei Außenhandels GmbH, Berlin

Außerberufliche Weiterbildung

Apr. 01 - Aug. 01	Porthsmith International School, England Abschluss: First Certificate in Englisch
Aug. 01 - Jun. 03	VHS Berlin, Abendschule zur Erlangung der Fachhochschulreife im Bereich Wirtschaft
Sep. 04 - Okt. 04	Academia Atlantico, Spanien Abschluss: Presente Certificado, Nivel Medio

Studium

Nov. 04 - Okt. 07	Deutsche Außenhandels- und Verkehrs-Akademie in Hamburg, Betriebswirtschaftslehre mit der Fachrichtung Außenhandel Abschlussnote: sehr gut

Sprachkenntnisse

Englisch fließend in Wort und Schrift
gute Spanischkenntnisse

Sonstiges

fundierte EDV-Kenntnisse
insbesondere Windows und Excel

Hobbys

Bergwandern und Kanutrekking

Berlin, 10. Januar 2008

Andreas Adler

Andreas Adler • Marschweg 18 • 12345 Berlin • 030/88 22 11

Kommentierte Beispiele

Lebenslauf von Birgit Müller

Die für die berufliche Entwicklung gewählte knappe Präsentationsform kommt ohne die traditionelle Überschrift »Lebenslauf« aus (bravo!) und beinhaltet ein gutes Maß an Information. Die Themenabfolge Beruf (inklusive Weiterbildung) – Schule – Berufsausbildung überzeugt sofort. Die besonderen Kenntnisse und Fähigkeiten werden vielleicht sogar einen Tick zu massiv dargestellt wiederholt. Die Abschnitte »Engagement« und »Interessen« führen sicherlich zu Nachfragen, und das unten angefügte Statement ist nicht nur außergewöhnlich, sondern auch ein guter Grund für eine Einladung. Natürlich fehlen nur im Buch aus Platzgründen das Anlagenverzeichnis sowie alle weiteren »Beilagen«.

Zum Lebenslauf von Andreas Adler

Hier präsentieren wir einen ganz klassischen Lebenslauf. Die Abfolge Schule – Berufsausbildung/-praxis – Weiterbildung – Studium ist traditionell chronologisch aufgebaut. Gleichwohl kommt beim Durchlesen eine gewisse Langeweile auf. Die einzelnen Berufsstationen bleiben für den Leser eher flach. Was der Bewerber im Einzelnen für Aufgaben hatte, erschließt sich nicht. Das ist eine vertane Chance.

Auch die Schwerpunkte des Studiums inklusive des Themas der Diplomarbeit werden dem Leser vorenthalten. Schade, denn hier wären gute Möglichkeiten, den Leser wirklich neugierig auf den Kandidaten zu machen.

Ein interessantes Layoutdetail ist die kleine Fußzeile, die Anschrift und Telefonnummer enthält.

Das Foto – wie Sie Sympathie erzeugen

Ihr Foto ist eine der wichtigsten Komponenten in den Bewerbungsunterlagen.

WICHTIGER HINWEIS

Ein Bild sagt mehr als tausend Worte; jeder (auch Personalentscheider) ist von einer ansprechenden Optik mehr oder weniger beeinflussbar. Ihr Foto strahlt auf Ihre gesamte Bewerbung aus; viele halten das Foto für wichtiger als Lebenslauf oder Anschreiben. Investieren Sie also in einen guten Fotografen, es lohnt sich!

Wer mit seinem Foto zu Beginn des Auswahlverfahrens Sympathie mobilisieren kann, hat bessere Chancen. Daher ist an dieser Stelle höchste Sorgfalt geboten.

Der Personalentscheider wird als Erstes einen Blick auf Ihr Foto werfen und sich in Sekundenschnelle ein Urteil bilden: Was für einen Eindruck macht dieser Mensch? Wirkt er/sie sympathisch oder unsympathisch? Mürrisch oder freundlich? Zugewandt oder verschlossen? Wach oder verschlafen? Intelligent oder schwer von Begriff? Hat der Bewerber ein professionelles Foto beigefügt, das ein Bild seines Selbstwertgefühls und der Ernsthaftigkeit seines Anliegens vermittelt? Mit diesem Eindruck im Hinterkopf beginnt der Empfänger Ihre Bewerbung durchzublättern.

Ihr Foto wird nach vier Kriterien analysiert:

Übersicht: Betrachtungskriterien

- Aussehen und Mimik
- Kleidung
- fotografische Qualität (»künstlerisch«/technisch)
- gewähltes Format

Bildproduktion

Gehen Sie zu einem professionellen Fotografen. Privatfotos oder Automatenbilder sind indiskutabel. Besprechen Sie mit ihm, für welchen Anlass Sie die Fotos brauchen und wie Sie wirken möchten. Lassen Sie eine Auswahl an Fotos anfertigen und legen Sie diese Freunden zur

Beurteilung vor, um gemeinsam das beste für die jeweilige Bewerbung auszuwählen. Denn nicht immer ist das vermeintlich »schönste« Foto auch für jede Bewerbung das Beste ...

TIPP

Exzellente Kopien, eingescannte oder besser noch digitale Fotos sind heutzutage voll akzeptiert.

Format

Ein winziges Foto legt die Deutung nahe, dass Sie sich nicht wichtig genug nehmen. Umgekehrt deutet ein Postkartenporträt auf überdimensionale Eitelkeit. Ein guter Mittelweg: etwa 6 mal 4,5 Zentimeter. Testen Sie auch einmal ein ungewöhnliches Querformat. Unsere Beispiele (S. 72) zeigen interessante Formate und auch attraktive Bildausschnitte. Der Kopf, das Gesicht darf angeschnitten sein, weil es so dynamischer wirkt.

Neu ist eine Art Triptychon, eine Aneinanderreihung von Porträtfotos, wie Sie es im Beispiel auf Seite 72 oben sehen. Sicher nicht geeignet für gestandene Führungskräfte, sondern eher für jüngere Kandidaten. Probieren Sie es aus, verhandeln Sie mit Ihrem Fotografen und fragen Sie Ihren persönlichen Bewerbungsberater.

Farbe

Wir empfehlen ein Schwarz-weiß-Foto, da es Sie sowohl zurückhaltender als auch interessanter erscheinen lässt und dem Betrachter mehr Interpretationsmöglichkeiten bei der Beurteilung Ihres Gesichts lässt. Monochrome (bräunlich, bläulich) sind auch akzeptabel. Falls Sie dennoch ein Farbfoto vorziehen, wählen Sie dezente Kleidung und – für die Damen – sparsames Make-up.

Kleidung

Von einem leger-offenen Hemdkragen ist ebenso abzuraten wie von einem tiefen Einblick in weibliche Reize. Wählen Sie die Kleidung, die dem von Ihnen angestrebten Berufsstand angemessen ist. Die Haare sollten gepflegt sein und auf keinen Fall die Augen verdecken – Sie haben nichts zu verbergen.

TIPP

Versetzen Sie sich für den Fototermin bewusst in eine positive Stimmung. Lächeln Sie, machen Sie ein freundliches Gesicht und denken Sie an etwas Schönes, an eine große Liebe oder an Ihren Urlaub …

Posen

Statt der typischen »Kopf-und-Kragen«-Fotos (wie beim Passbild) können Sie auch Arme, Hände und Oberkörper mit aufs Bild bringen. Wenn Sie Anregungen suchen, finden Sie diese in entsprechenden Medien wie *managermagazin* oder *Capital* oder in PR-Unterlagen von Unternehmen aus Ihrer Branche.

WICHTIGER HINWEIS:

Im August 2006 ist das AGG (Allgemeines Gleichbehandlungsgesetz) in Kraft getreten. Bei dieser Initiative handelt es sich um eine ursprünglich sehr gute Idee, um bestimmte Diskriminierungen zu vermeiden. Was die aktuelle Bewerbungspraxis betrifft, verkompliziert das Gesetz leider und sorgt für Verunsicherung bis zu Rechtskämpfen. Fakt ist: Es dürfen keine Fotos mehr von der Jobanbieterseite verlangt werden; die Aufforderung dazu darf in keiner Stellenausschreibung mehr auftauchen. Es steht natürlich jedem Bewerber/jeder Bewerberin frei, von sich aus ein Foto der Bewerbung hinzuzufügen. Also, nutzen Sie diese Chance!

Sehr neu ist diese Art von Triptychon, eine Aneinanderreihung von Porträtfotos. Hier ist der Kopf immer leicht angeschnitten, sicher noch besser geeignet für jüngere Kandidaten.

Fast quadratisch,
Kopf deutlich angeschnitten,
sehr sympathisches Lächeln.

Außergewöhnliche Handhaltung, nicht jedermanns Geschmack, aber sicher ein Hingucker. Sehr stark angeschnitten!

Fast quadratisch, interessantes Format,
ebenfalls angeschnitten, deutlicher
Hingucker. Leichtes Lächeln, da verweilt
das Auge schon länger drauf …

Erste Hilfe bei Lücken und Problemen

Fast jeder Bewerber stößt beim Versuch, sich schriftlich optimal darzustellen, auf Schwierigkeiten und entdeckt Makel im Lebenslauf. Sie können in Form von Lücken (Zeitabschnitte ohne Berufstätigkeit) auftreten oder in Form von Problemen, wie beispielsweise einem häufigen Arbeitsplatzwechsel. Da Personalentscheider den Lebenslauf in der Regel zuerst lesen, werden »problematische« Bewerbungen schnell aussortiert. Versuchen Sie daher, eine schlüssige Bewerbung, einen überzeugenden beruflichen Werdegang abzuliefern.

Guter Vorschlag, denken Sie vielleicht, *nur ist das leider bei meinem beruflichen Werdegang nicht möglich*. Oft ist es aber viel leichter, als Sie denken, und Sie müssen dabei nicht die Unwahrheit schreiben! Wir behandeln hier nur ganz kurz die sogenannten negativen Faktoren, die in einem *Lebenslauf* besser nicht vorkommen sollten. Zu unterscheiden sind:

Lücken: Zeiten, in denen der Bewerber keine berufliche Tätigkeit nachweisen kann. – Von einer kleineren Lücke spricht man ab ca. drei Monaten, von einer größeren ab etwa sechs Monaten.

Probleme: Der Bewerber hat zwar mehr oder weniger durchgehend gearbeitet, sein beruflicher Werdegang weckt beim Leser aber nachteilige Assoziationen: z. B. wegen häufigen Wechselns des Arbeitsplatzes.

Wenn sowohl Lücken als auch Probleme in Ihren schriftlichen Unterlagen auftauchen, wird die »Sonderbearbeitung« aller Daten und deren Darstellung noch dringender.

Generell gesagt: Personaler wünschen sich einen lückenlosen Nachweis Ihrer Berufstätigkeit, die problemlos verlaufen sein sollte. Dieser Darstellung sollte ein stetiger Aufstieg, d. h. eine Zunahme des Verantwortungsbereichs, mit gelegentlichem Wechsel des Arbeitsgebers zu entnehmen sein. Zu häufiges Wechseln, insbesondere bei reiferen (älteren) Bewerbern, wirkt ebenso verdächtig wie zu langes Verharren in der gleichen Position beim selben Arbeitgeber. Auch ein sehr langes Studium, ein Abbruch oder ein Wechsel der Ausrichtung senken Ihre Einstellungschancen.

Wenn Sie für einen längeren Zeitraum keine Berufstätigkeit im Lebenslauf angeben, neigen Personalentscheider zu Negativinterpretationen wie: Arbeitslosigkeit, Krankheit, Drogenentzug (hauptsächlich Alkohol) oder sogar Gefängnisaufenthalt.

Lücke ist nicht gleich Lücke. Nicht jede Auszeit hat einen negativen Beigeschmack und muss deshalb auch nicht kommentarlos übergangen werden, wie z. B. Erziehungs- und Pflegezeiten oder Weltreisen. Selbstverständlich kann eine private Auszeit zur beruflichen Orientierung erwähnt werden. Längere Lücken, wie mehrere Jahre in der Bundeswehr können auch sehr positiv dargestellt werden.

Bestimmte Zeitabschnitte im Berufsleben gehen niemanden etwas an. Und zwar die, nach denen im Bewerbungsgespräch nicht gefragt werden darf, u. a. Krankheiten (auch Suchterkrankungen), Schwangerschaft, Freistellung wegen Betriebsratstätigkeit und Freiheitsstrafen. Ihre Erklärungen sollten überzeugen und möglichst nicht widerlegbar sein. Die einfachsten Lösungen zur Verdeckung von Lücken sind: Zeitspannen mit Jahreszahlen angeben oder mehrere Zeitabschnitte unter einer Überschrift zusammenzufassen. So lässt sich der chronologische Ablauf schwerer nachvollziehen und die einzelnen Kategorien bilden ein Erklärungsmuster.

Bei Problemen, die Personaler aus Ihrem Lebenslauf ableiten, liegt die Bewertung wie so oft im Auge des Beurteilers. Dieser mag beispielsweise die Verweildauer an einem Arbeitsplatz auffällig kurz oder gerade noch okay finden, den Weggang von einem Unternehmen als eine arbeitgeberseitige Kündigung interpretieren oder nicht, den »roten Faden« erkennen können oder alles als unzusammenhängend und eher zufällig als geplant verstehen. Das Entscheidende bleibt: Gibt es Anlässe, die Ihnen als Problem ausgelegt werden können, bereiten Sie sich vor und überlegen Sie sich, wie Sie die Argumente der Gegenseite entkräften oder mildern können.

Anschreiben – Ihre persönliche Visitenkarte

Erst wenn alle anderen Unterlagen vorliegen, sollten Sie sich dem Anschreiben zuwenden. Ihr Anschreiben wird in der Regel nicht als Erstes gelesen. Es würde zu viel Zeit kosten, erst das Anschreiben zu lesen und dann doch nicht sicher zu sein, was der Bewerber anbietet. Ein Blick in den *Lebenslauf*, vor allem auf Ihre aktuelle Arbeitssituation, sagt viel mehr aus. Auch deshalb ist die *chronologische Rückwärtsform*, von heute in die Vergangenheit, vorzuziehen. Sehen Sie Ihr Anschreiben als Bühne an, um sich selbst, Ihre besonderen Fähigkeiten, Ihre ausgeprägte Leistungsmotivation und angenehme Wesensart (Stichwort: KLP) erneut zu inszenieren. Das Anschreiben soll den Empfänger dazu bringen, sich den übrigen Dokumenten nochmals mit gezieltem Interesse zuzuwenden und Sie zum Vorstellungsgespräch einzuladen.

Aufbau

Übersicht: Was das Anschreiben enthält

- Briefkopf
- Empfängeradresse (möglichst personalisiert)
- Ort und Datum
- Betreff (ohne Betreff oder Betr.: tatsächlich hinzuschreiben)
- Anrede (möglichst personalisiert)
- Brieftext (Auftakt, Hauptteil, Schluss)
- Grußformel
- Unterschrift (immer mit Vor- und Zunamen, halbwegs leserlich)
- P.S. (optional)
- Hinweis auf Anlagen

Umfang

Mit Rücksicht auf die gestresste Arbeitgeberpsyche gilt die goldene Regel: In der Kürze liegt die Würze. Am besten ist ein Anschreiben von einer Seite (optimal: nicht mehr als sechs, maximal zwölf Sätze). Vertretbar sind in wenigen Ausnahmefällen eineinhalb Seiten, wenn Sie ungewöhnlich Wichtiges zu sagen haben.

Einstieg

Neben der sorgfältigen Briefkopfgestaltung, der korrekten Empfängeradresse, Ort und Datum ist es die Betreffzeile, die eine besondere Gestaltungsherausforderung darstellt. Sowohl der formulierte Betreff als auch ein (optionales) P.S. am Ende werden aufmerksam gelesen. Das ist Ihre Chance. Mit einer guten Idee fallen Sie auf (s. S. 40). Die Betreffzeile kommt dabei ohne die Abkürzung »Betr.:« aus. Beginnen Sie sofort mit Ihrem eigenen Satz.

Anrede

»Sehr geehrte Damen und Herren« – diese allgemeine Formel wirkt meist schon negativ. Personalisieren Sie die Anrede, finden Sie im Vorfeld heraus, wie der Entscheider heißt. Im Zweifel schreiben Sie namentlich an den Inhaber (Institutsleiter, Vorsitzenden) und gleich darunter an die »Sehr geehrten Damen und Herren«.

Auftakt

Gestalten Sie den Einstieg in Ihre Bewerbung so, dass Ihr Arbeitgeber neugierig wird und weiterlesen möchte. »Hiermit bewerbe ich mich um …« oder »Ich beziehe mich auf Ihre Anzeige …« sind stereotype und langweilige Einstiege. Als Richtlinien für den Anfang gelten: Spannung erzeugen – Interesse wecken – Freundlichkeit vermitteln.

- *In Ihrer Anzeige vom … suchen Sie eine/n …*
- *Sie beschreiben eine berufliche Aufgabe, die mich besonders interessiert …*
- *Ich beziehe mich auf die von Ihnen ausgeschriebene Position …*
- *Mit großem Interesse habe ich Ihre Anzeige gelesen und möchte mich Ihnen als … vorstellen …*
- *Sie suchen einen …*

- *Ich bin … und habe mit großem Interesse … gelesen…*
- *Die von Ihnen ausgeschriebene Position/Aufgabe …*
- *Ich stelle mich Ihnen als … vor und habe großes Interesse an …*

Hauptteil

In diesem Teil kommt es darauf an, in kurzer und prägnanter Form darzustellen, warum Sie sich bewerben und weshalb gerade Sie der richtige Bewerber sind. Vermitteln Sie, genau in das Anforderungsprofil der Firma zu passen, und schildern Sie, was Sie Besonderes zu bieten haben. Etwa, über welche Qualifikationen und Qualitäten Sie verfügen, die den im Anzeigentext genannten Anforderungen entsprechen und sogar darüber hinausgehen. 08/15-Anschreiben, die verschickt werden wie eine Massensendung, landen im Papierkorb.

TIPP

Beantworten Sie ebenso klar wie knapp folgende Fragen: Warum bewerben Sie sich, wo stehen Sie jetzt, was zeichnet Sie aus und ggf. was sind Ihre Ziele?

Schluss

Vermeiden Sie Plattheiten. Setzen Sie einen freundlich-verbindlichen Schlusspunkt. Der letzte Satz klingt noch einige Momente im Gedächtnis nach. Beenden Sie Ihren Brief mit der Bitte um ein Vorstellungsgespräch, der Grußformel, Ihrer Unterschrift (voll ausgeschrieben!), dem Hinweis auf die Anlagen und eventuell einem P.S.

- *Wenn ich/meine Bewerbung Ihr Interesse geweckt habe/hat, freue ich mich über eine Einladung zu einem Vorstellungsgespräch.*
- *Sollten Ihnen meine Bewerbungsunterlagen zusagen, stehe ich Ihnen gern für ein Vorstellungsgespräch zur Verfügung.*
- *Wenn Sie nach Durchsicht der Unterlagen weitere Informationen bzw. ein erstes persönliches Gespräch wünschen, so stehe ich hierfür gern zur Verfügung.*
- *Ich würde mich freuen, wenn Sie mich zu einem Vorstellungsgespräch einladen. Dann könnten wir gegebenenfalls weitere Details (z.B. Eintrittstermin, Gehalt) besprechen.*

- *Über die Einladung zu einem Gespräch freue ich mich.*
  Für alle weiteren Auskünfte stehe ich Ihnen gerne in einem persönlichen Gespräch zur Verfügung.

Zur Zeilenführung: Achten Sie auf eine elegante Zeilenführung. Nutzen Sie den Flattersatz und die Zeilenumbrüche so, dass der Leser es leicht hat, den Inhalt, die zentrale Aussage des Satzes zu verstehen.

Die wichtigsten Gestaltungstipps

Bei Ihrem Anschreiben bieten sich verschiedene kreative Gestaltungsmomente an. Angefangen vom Briefkopfdesign über die Betreffzeile bis hin zur Verabschiedungsformel, einem P.S. oder den Anlagen. Sie können das Anschreiben per Hand schreiben (Voraussetzung: gut leserliche Handschrift und relativ kurzer Text), bereits hier ein Foto platzieren oder durch die Wasserzeichentechnik* ein Hintergrundbild auf Ihr Anschreibenpapier setzen. Das Anschreiben ist ein idealer Ort, um sich im positiven Sinne abzuheben. Bitte beachten Sie dabei: die Gestaltung muss zu Ihnen und zum Empfänger passen. Sonst erzielen Sie einen negativen Eindruck!

Übersicht: Kreative Gestaltungsmöglichkeiten für das Anschreiben

- Per Hand (leserliche Handschrift, gutes Schreibwerkzeug und ggf. die Farbe der Schrift berücksichtigen)
- Format (Änderung, s. a. S. 117; Sie können auch nur eine Art Visitenkarte oder Postkarte als Anschreiben nutzen)
- Briefkopf, Absender (Platzierung und Gestaltung)
- Foto (plus evtl. ein zusätzliches auf der Lebenslaufseite)
- Betreffzeile (Inhalt und Gestaltung)
- Anrede (auch handgeschrieben möglich)
- Inhalt (Länge und Positionierung)
- Unterstreichungen, Fettungen, Kursivsetzungen oder Farbmarkierungen (s. a. S. 46)

* Unter diesem Stichwort hilft Ihnen hier Ihr Microsoft Word Assistent, die »Büroklammer«, weiter

- Papierhintergrund (Grafik, Bild, s. a. S. 117)
- Abschlussformel (mit Grüßen aus oder von nach)
- Unterschrift immer mit Vor- und Zuname, auf Lesbarkeit und gutes Schreibwerkzeug achten
- P. S. (Hinweis, interessanter Eyecatcher)
- Anlage-Auflistung (dito wie P. S.)

Hinweis: Bewerbungsprofis entwickeln drei alternative Anschreiben, um diese einer selbst gewählten »Prüfungskommission« vorzulegen. Durch Tipps und kritische Anregungen von anderen lässt sich das Bewerbungsanschreiben oftmals wesentlich verbessern und so von Mal zu Mal überzeugender gestalten.

CHECKLISTE: ANSCHREIBEN

Haben Sie ...

- ☐ Ihren persönlichen Briefkopf (Ihren Absender) schön, zeitgemäß und vollständig gestaltet mit: Name, Anschrift, Adresse, Telefon, ggf. Mobiltelefon, E-Mail ...?
- ☐ die Empfängeranschrift korrekt geschrieben, möglichst einen Namen in Erfahrung gebracht und richtig buchstabiert?
- ☐ Ort und Datumszeile korrekt platziert?
- ☐ eine sofort ansprechende Betreffzeile (bitte ohne »Betr.«) eingefügt, die klar Auskunft gibt, worum es geht?
- ☐ möglichst einen persönlichen Ansprechempfänger herausgefunden, den Sie direkt anschreiben/ansprechen können, ggf. darunter mit der allgemeinen Ansprache: Sehr geehrte ... Beispiel:
  Sehr geehrter Herr Maier,
  sehr geehrte Damen und Herren,
- ☐ berücksichtigt, dass Ihr Anschreiben lesefreundlich ist (Schriftgröße 11 bis 13 Punkt, Schrifttyp nicht zu ausgefallen, Seitenrand angemessen breit, ca. 4 cm links, ca. 3 cm rechts), keine »Löcher« in den Zeilen oder an deren Ende, vor allem aber keine vollgeschriebene »Bleiwüste«, sondern eher einen kurzen Text mit einigen Absätzen?
- ☐ einen netten, nicht zu langen Einstieg gefunden, gefolgt von Ihrer Motivation und Ihrem Leistungsangebot?
- ☐ Ihren beruflichen und persönlichen Hintergrund gelungen kurz dargestellt, ohne zu über- oder zu untertreiben?

- ☐ verdeutlicht, wofür Sie stehen, beruflich wie auch als Mensch und zukünftiger Mitarbeiter?
- ☐ die Quintessenz auf den Punkt bringen können, die Ihr Angebot ausmacht?
- ☐ die geforderten Angaben (Gehaltswunsch, möglicher Einstiegstermin etc.) diplomatisch beantwortet?
- ☐ eine sympathische Abschluss-Grußformel ausgewählt?
- ☐ unterschrieben (Vor- und Zuname, keine maschinenschriftliche Wiederholung)?
- ☐ evt. ein sinnvolles P. S. angeführt?
- ☐ an die Anlagen (allein das eine Wort »Anlagen« unten reicht bereits) gedacht?
- ☐ berücksichtigt, dass Ihr Anschreiben lose, gesondert obenauf liegt, während die restlichen Unterlagen in einer adäquaten Bewerbungsmappe liegen?
- ☐ darauf geachtet, dass weder Flecken noch Eselsohren oder zerknittertes Papier das Schreiben verunstalten?
- ☐ Ihr Anschreiben kritisch und sehr sorgfältig gegenlesen lassen?
- ☐ mit ausgeschriebenem Vor- und Zunamen und ordentlich lesbar unterschrieben?

BIRGIT MÜLLER
HASENSPRUNG 1A
14194 BERLIN (WILMERSDORF)
TELEFON: 0 30 / 8 12 82 70

ABC Maschinen GmbH
Personalabteilung
Herrn Kaiser
Wrangelstr. 28
10997 Berlin

02.02.08

Ihre Anzeige in der Berliner Morgenpost vom 31.01.2008
Sachbearbeiterin

Sehr geehrter Herr Kaiser,

in Ihrer Anzeige beschreiben Sie einen Arbeitsbereich, der mich in höchstem Maße interessiert und auch meinen Fähigkeiten und Neigungen voll entspricht.

Kurz zu meiner Person:
Ich bin ausgebildete Industriekauffrau und habe mich im Bereich Informationsmanagement erfolgreich weitergebildet. Langjährige umfassende Erfahrungen in Büro-Administration und anspruchsvoller, selbstständiger Sachbearbeitung in der Chemiebranche ergänzen mein Tätigkeitsprofil.

Aktuell befinde ich mich in einer vom Arbeitsamt geförderten EDV-Fortbildungsmaßnahme und könnte Ihnen deshalb auch sehr kurzfristig zur Verfügung stehen.

Über eine Einladung zum Vorstellungsgespräch freue ich mich
und verbleibe

mit freundlichem Gruß

Birgit Müller

Anlagen

Andreas Adler, Diplom-Kaufmann, Marschweg 18, 12345 Berlin, Tel. 030 / 88 22 11

A.Adler, Marschweg 18, 12345 Berlin

Mustermann & Partner GmbH
Personalressort
z. Hd. Frau Maier
Müllerstr. 777
80088 München

Berlin, 10. Januar 2008

Assistenz der Verkaufsleitung Export

Sehr geehrte Frau Maier,

mit Ihrer Mitarbeiterin Frau Moog habe ich heute telefonisch besprochen, Ihnen meine kompletten Bewerbungsunterlagen für die Position des Assistenten in der Export-Verkaufsleitung zuzusenden.

Seit Ende 07 bin ich diplomierter Betriebswirt für Außenhandel. Mein Studium absolvierte ich innerhalb kürzester Zeit an der Hamburger Außenhandelsakademie mit einem "sehr gut" als Abschlussnote.

Ich verfüge über langjährige praktische Erfahrungen im Bereich Verkaufssachbearbeitung und habe kontinuierlich meine Fremdsprachenkenntnisse (Englisch und Spanisch) durch längere Auslandsaufenthalte ausgebaut. Zu meinen persönlichen Stärken zähle ich ein hohes Maß an Belastbarkeit und Zielstrebigkeit, zwei Eigenschaften, die ich durch mein Studium erneut unter Beweis stellen konnte.

Meine Gehaltsvorstellungen liegen zwischen 30.000 und 35.000 EUR p.a.
Als Eintrittstermin kann ich mir bereits den 1. Februar gut vorstellen.
Ich freue mich, von Ihnen zu hören.

Mit freundlichen Grüßen aus Berlin

Andreas Adler

Anlagen

Kommentierte Beispiele

Zum Anschreiben von Birgit Müller

Das angenehm kurze Anschreiben verdeutlicht, dass die Bewerberin sich auf eine Anzeige meldet, ohne vorab telefoniert zu haben (leider!). Da sie der Anzeige den Namen entnehmen konnte, ist eine direkte Ansprache trotzdem möglich. Die Kandidatin stellt sich kurz vor und schließt selbstbewusst (ohne Konjunktiv) mit der Formulierung »... auf eine Einladung freue ich mich«. Insgesamt ein gut und ansprechend gestaltetes Anschreiben, das positive Aufmerksamkeit weckt. Ob die Bewerberin bereits hier mehr zu ihrem aktuellen Status (arbeitslos oder ihr Alter) hätte mitteilen sollen, kann kontrovers diskutiert werden. Die gewählte Präsentationsform löst Interesse aus. Obwohl sich die Kandidatin offensichtlich aus der Arbeitslosigkeit (bzw. Fortbildung) heraus bewirbt, hat sie eine interessante Vortragsform gefunden.

Zum Anschreiben von Andreas Adler

Das Anschreiben bezieht sich auf ein Telefonat mit einer namentlich genannten Mitarbeiterin, wendet sich aber direkt an die verantwortliche Personalreferentin, eventuell sogar Leiterin.

Schade, dass die Anzeige in der Betreffzeile nicht näher benannt wird. Die Textlänge ist angemessen und informativ. Hier werden sogar Gehaltsvorstellung und Eintrittstermin mutig benannt – wir wissen nicht, ob freiwillig oder gezwungenermaßen (Anzeigentext!), in der Form aber geschickt, weil doch recht offen (Nennen einer Spanne).

Der Abschlusssatz und die verwendete Grußformel (»... aus Berlin«) sind angenehm außergewöhnlich, bleiben aber Geschmackssache, ebenso wie der Briefkopf. Die zentrale Botschaft – wiederzufinden in den beigefügten Bewerbungsunterlagen – wird im Anschreiben gut zusammengefasst und präsentiert.

Anlagen – in der Bedeutung nicht zu unterschätzen

Das Wort »Anlagen« suggeriert, es könnte sich um nebensächliche Anhängsel handeln. Doch Sie sollten die Bedeutung dieser Unterlagen nicht unterschätzen. Zu den Anlagen gehören insbesondere Fotokopien von Arbeitszeugnissen, Ausbildungsabschlüsse und ggf. Fortbildungszertifikate. Ein Übersichts- oder Anlageverzeichnis ist ab ca. sechs Anlagenseiten sinnvoll. Mehr dazu ab S. 106.

Arbeitszeugnisse

Sie gehören zu den wichtigsten Anlagen und sollten daher an erster Stelle stehen. Um ihre besondere Bedeutung hervorzuheben, könnten Sie diese Unterlagen auf ein leicht andersfarbiges Papier als Ihre übrigen Seiten kopieren. Das fällt auf und bringt den Empfänger eher dazu, sich mit Ihren Zeugnissen zu beschäftigen. Sehr gute Arbeitszeugnisse sind dafür Voraussetzung; ferner sollten Sie lediglich zart getöntes Papier verwenden und genau überlegen, ob dies auch zum Empfänger passt. Relevant sind die beiden letzten Zeugnisse bzw. diejenigen, die die letzten zehn Jahre dokumentieren.

Inhalt von Arbeitszeugnissen: Da gesetzlich festgelegt ist, dass Arbeitgeber die für den Arbeitnehmer nur wohlwollend klingende Formulierung wählen dürfen, werden negative Aspekte oft verklausuliert dargestellt. Das führt zu einer Art »Geheimcode«. Wie Aussagen in Zeugnissen interpretiert werden können, ist ein weites Feld. Wenn Sie sich nicht sicher sind, was mit den Formulierungen in Ihrem Zeugnis gemeint ist, wenden Sie sich an entsprechende Experten (z.B. *www.berufsstrategie.de* unter dem Stichwort »Arbeitszeugnis«). Hier ein kleiner Leitfaden:

CHECKLISTE: ARBEITSZEUGNIS

Äußeres

- ☐ Ist Ihr Zeugnis maschinenschriftlich auf Firmenpapier getippt, fehlerfrei und datiert, von einem Vorgesetzten unterschrieben?
- ☐ Enthält es alle wesentlichen Tätigkeiten, denen Sie nachgegangen sind?

Tätigkeitsbeschreibung

- ☐ Wird die Erfüllung besonderer Arbeitsaufgaben entsprechend gewürdigt?
- ☐ Kann sich ein Dritter davon ein Bild machen?
- ☐ Sind betriebliche Fort- und Weiterbildungsmaßnahmen erwähnt?
- ☐ Ist die Beschreibung Ihrer Tätigkeit Ihren Aufgaben angemessen?

Soziale Kompetenz

- ☐ Geht aus dem Zeugnis hervor, dass Sie mit Ihren Vorgesetzten, Kollegen und Partnern gut auskamen?
- ☐ Werden Personengruppen ausgelassen? Kommen doppeldeutige Aussagen darin vor?

Die Führungsbeurteilung (für Führungskräfte):

- ☐ Wird Ihre Leistungs- und Führungsfähigkeit im Text erwähnt und gewürdigt?
- ☐ Wie bewertet man Ihren Arbeitsstil?
- ☐ Wird Ihr Erfolg uneingeschränkt oder mit Einschränkungen dargestellt?
- ☐ Was sagt Ihr Zeugnis über Ihre Führungsfähigkeit aus?
- ☐ Zeigen Sie Delegationsbereitschaft?

Auflösungsgrund

- ☐ Geht aus dem Zeugnis hervor, dass Sie auf eigenen Wunsch gekündigt haben?
- ☐ Dankt man Ihnen abschließend für die geleistete Arbeit und wünscht Ihnen alles Gute für die Zukunft?

Gesamteindruck

- ☐ In welchem Ton ist das Zeugnis verfasst: wohlwollend oder kühl und knapp, floskelhaft oder persönlich?
- ☐ Stimmen Rechtschreibung und Zeichensetzung?

TIPP

Bitten Sie rechtzeitig vor Ihrem Weggang um ein Arbeitszeugnis, am besten vier bis acht Wochen vorher. Nutzen Sie die Möglichkeit, selbst Vorschläge für den Inhalt zu machen.

Schul- und Ausbildungszeugnisse

Seien Sie zurückhaltend mit Schulabschlusszeugnissen oder Zeugnissen der berufsorientierten Basisausbildung (Lehre), es sei denn, Sie sind sehr jung und haben nicht viel anderes vorzuweisen. Ein 50-jähriger Kandidat sollte seinen Bewerbungsunterlagen weder sein Abitur- noch sein Ausbildungszeugnis beifügen. Diplom- oder andere Abschlusszeugnisse sind sinnvoll, wenn sie nicht älter als 15 Jahre sind.

TIPP

Generell gilt: Immer den höchsten Ausbildungsabschluss in die Anlage, also bei Studium kein Abi-Zeugnis, bei Abitur keins der mittleren Reife und so weiter.

Andere Anlagen

Zertifikate von privaten Einrichtungen oder (Volkshochschul-) Kursen sind nur dann sinnvoll, wenn diese inhaltlich mit der entsprechenden Bewerbung zu tun haben.

Neben jeder Art von Zeugnis können Sie beispielsweise den Anlagen hinzufügen: Referenzadressen (siehe nächster Punkt), eigene Erklärungen (s. S. 107), Arbeitsproben oder Zusammenfassungen von Projekten.

Referenzen – wie Sie Fürsprecher einbinden

Wenn Sie eine oder mehrere Personen kennen, die sich gerne positiv über Sie äußern möchten, kann das Ihre Bewerbung positiv beeinflussen. Dabei sind nahe Verwandte nicht akzeptabel; Vorgesetzte, die längere Zeit mit Ihnen zusammengearbeitet haben, oder Personen mit öffentlich anerkannter Autorität schon eher. Sprechen Sie aber sicherheitshalber die Inhalte der Referenz vorher ab, damit Sie im Sinne Ihrer gesamten Bewerbung formuliert wird.

Fügen Sie Ihren Anlagen ein Extrablatt mit der Überschrift »Referenzen« und folgendem Text bei:

Die folgenden Personen sind bereit, über mich Auskunft zu geben ... Name, Telefonnummer und/oder Adresse Ihrer Fürsprecher, möglichst auch die Position/Funktion dieser Person. Eventuell, wie lange diese Person Sie kennt und in welcher Beziehung sie zu Ihnen steht (mein Ausbilder, Vorgesetzter von ... bis ... bei ..., Professor, bei dem ich meine Diplomarbeit geschrieben habe etc.).

Handschriftenprobe – Eigenwerbung mit Fantasie

Sollte in der Stellenanzeige von den Bewerbern eine Handschriftenprobe verlangt werden, können Sie davon ausgehen, dass ein Grafologe Ihre Unterlagen analysiert. Ihre Handschrift soll Rückschlüsse auf Ihre Persönlichkeitsstruktur ermöglichen.

Es ist erstaunlich, was »Schriftgelehrte« alles zu erkennen glauben. Aus Ihrer Handschrift wollen sie Ihre Hauptcharakterzüge herauslesen, Ihr Fantasiepotenzial oder Ihre Eignung für Routineaufgaben, Ihren Optimismus oder Pessimismus, Ihre Energie oder Passivität. Nicht zu vergessen Ihr Selbstbewusstsein, Ihre Sexualität, Stressbereitschaft, Flexibilität, Ihre Zukunftsorientierung und noch einiges mehr.

Falls Handschriftliches von Ihnen verlangt wird: Nutzen Sie die Gelegenheit, handschriftlich auf einer Extraseite mit einigen gut platzierten Sätzen auf sich aufmerksam zu machen; umreißen Sie die Motivation Ihrer Bewerbung und weisen Sie auf Ihre Qualitäten hin. Den Lebenslauf fügen Sie PC-gestaltet bei. Er ist viel zu komplex, als dass er handschriftlich in schöner Form auf knappem Platz dargestellt werden könnte.

Ob Ihre Handschrift für oder gegen Sie spricht, können wir nicht beantworten. Verstellen bringt nichts – ein geübtes Auge erkennt das. Folgendes können Sie beachten: gerade Zeilen (= ausgeglichen), Rand zu beiden Seiten (= großzügig im Geist). Und achten Sie bei Ihrer Unterschrift darauf, dass sie gleich groß wie der übrige Text ist (= Sie sind, wie Sie sich geben ...).

Arbeitsproben – schon jetzt

Generell gilt: Heben Sie sich Arbeitsproben für einen späteren Zeitpunkt, zum Beispiel für das Vorstellungsgespräch auf. Lediglich bei kreativen und wissenschaftlichen Berufen sind »echte« Arbeitsproben gefragt. Werbekaufleute und Grafiker können beispielsweise auf eine Anzeigenkampagne hinweisen, Baufachleute auf Bauvorhaben, Wissenschaftler fügen eine Publikationsliste bei, Journalisten ausgewählte Artikel.

WICHTIGER HINWEIS

Vergessen Sie vor allem nicht, dass Ihre Bewerbung bereits eine erste Arbeitsprobe ist!

Neue elektronische Wege – schneller, besser, effektiver

Der Trend ist eindeutig! Immer mehr Unternehmen fordern digitale Bewerbungen statt der klassischen Bewerbungsmappe. Bei Computer- oder IT-Firmen treffen inzwischen über 95 Prozent der Bewerbungen per E-Mail ein; in traditionellen Firmen sind es zwischen 20 und 30 Prozent. Der Anteil wächst stetig, denn die Argumente für eine Bewerbung per Internet sind stark: unschlagbar schnell und preiswert.

Weitere Vorteile für den Personalentscheider: keine Aktenverwaltung (keine Lagerung bzw. Rücksendung), Unterlagen lassen sich parallel an mehrere Mitentscheider weiterleiten und standardisierte Online-Bewerbungsbögen ermöglichen eine leichtere Vergleichbarkeit einzelner Kandidaten. Vielleicht sind Online-Bewerbungen das System der Zukunft, das die Bewerbungsmappe im klassischen Sinne ablöst. Auch für den Bewerber hat online Vorteile: Anlagen werden nur einmal professionell eingescannt, Kopien, teure Mappen werden nicht mehr gebraucht und das professionell geschossene Foto ist mehrfach verwendbar.

Im Folgenden zeigen wir Ihnen die wichtigsten Möglichkeiten, die das Netz bei Ihrem Bewerbungsvorhaben bietet.

WICHTIGER HINWEIS

Bei Bewerbungen über das Internet gilt mindestens! das gleiche Sorgfaltsprinzip wie bei dem klassischen, papierenen Weg. Arbeiten Sie genau, recherchieren Sie gründlich und vermeiden Sie technische Fallen. So sammeln Sie Punkte gegenüber Konkurrenten.

Im Netz

Die Hälfte aller Arbeitsuchenden nutzt bereits das Internet für ihren Bewerbungsprozess, um bequem von zu Hause 24 Stunden täglich auf nationale und internationale Stellenangebote zuzugreifen. Durch die Angabe von Suchbegriffen können Sie dabei Ihre Recherche gezielt selektieren, nach Anzeigen suchen oder direkt per E-Mail schnell, unkompliziert und nahezu kostenfrei mit Ihrem potenziellen zukünftigen Arbeitgeber in Kontakt treten. Auf diese Weise sind Sie in der Lage, mehr Information über die ausgeschriebene Stelle zu erfragen oder sich direkt zu bewerben.

Übersicht: Wozu Sie das Internet bei Ihrem Bewerbungsvorhaben gut gebrauchen können

- um Informationen über Arbeitgeber zu recherchieren
- um nach Stellenangeboten von Zeitungen und Unternehmen zu suchen
- um sich auf virtuellen Arbeitsmärkten selbst zu präsentieren
- um auf elektronischem Weg Kontakt aufzunehmen

Meist wird bei einer digitalen Anzeige erwartet, dass Sie auch digital antworten: ob über vorgegebene Online-Bewerbungsformulare, per E-Mail-Bewerbung oder mit Hinweis auf die eigene Bewerbungs-Homepage. Dennoch: im Zweifel besser abklären, ob von Seiten des Unternehmens eine E-Mail Bewerbung die bevorzugte Form der ersten schriftlichen Kontaktaufnahme ist, bevor Sie sich an die elektronische Übersendung Ihrer Unterlagen machen. Ist die Erwartungshaltung des Unternehmens unklar, entscheiden Sie sich lieber für die konventionelle, klassisch schriftliche Bewerbungsmappe.

E-Mail-Bewerbung

Erstaunlich dabei: Gute elektronische Bewerbungen werden häufig (ganz klassisch!) ausgedruckt, da trotz der vielen Vorteile des digitalen Verfahrens viele Personaler nach wie vor das haptische Empfinden und die Leserfreundlichkeit schätzen.

Was eine E-Mail-Bewerbung beinhalten sollte, steht nicht definitiv fest. Die Ihnen bekannten drei Elemente Anschreiben, Lebenslauf und Zeugnisse sind aber auch hier gefragt. Die meisten verstehen unter einer E-Mail-Bewerbung ein kurzes Anschreiben im Mail-Feld selbst und ein ausführlicheres im Anhang, zusammen mit Ihrem Lebenslauf. Weitere Varianten stellen wir Ihnen gleich vor.

Entscheidend: Auch hier gibt es einen Ermessensspielraum. Eine Vorschrift, wie was darzustellen ist, was dazugehört und was nicht, existiert nicht. Die »Geschmäcker« sind verschieden, und wie üblich entscheiden Sie für sich, was Sie Ihrem potenziellen Arbeitgeber anbieten wollen.

Aber auch in diesem Fall gilt: Wer sich auf elektronischem Weg um einen Job bewirbt, sollte sich kurz fassen. Niemand will beim Herunterladen lange warten, zig Dateianhänge öffnen und lesen, um letztlich zu entscheiden, ob der Kandidat in Frage kommt. Die E-Mail-Bewerbung sollte daher nicht mehr als maximal zwei Megabyte umfassen und möglichst nur Anschreiben und Lebenslauf beinhalten. Ein Unternehmen, das Interesse am Bewerber hat, fordert schnell (per Mail, wenn nicht telefonisch) weitere Informationen oder Unterlagen an.

Eine hervorragende Alternative zu umfangreichen Dateianhängen ist der Link auf die eigene Bewerbungs-Homepage: eine gute Möglichkeit, um einerseits über sich Auskunft zu geben und andererseits den Datengau beim potenziellen Arbeitgeber zu verhindern (s.a. S. 103).

E-Mail-Bewerbungen leiden bedauerlicherweise unter einem schlechten Ruf. Immer wieder klagen Personalabteilungen über die Flut unzulänglicher Bewerbungen auf dem elektronischen Postweg. Es gibt viele Fehlerquellen, die Bewerber von vornherein in schlechtem Licht erscheinen lassen.

Übersicht: Typische Fehler bei der E-Mail-Bewerbung

- Eine Reihe von diversen Anhängen, deren Inhalte nicht aus dem Namen deutlich werden, werden mitgeschickt.
- E-Mails werden nicht gezielt an ein Unternehmen, sondern an viele Adressaten versandt.
- Bewerbungen beziehen sich nicht auf spezielle Inserate oder sind als Initiativbewerbung nach dem Motto gestrickt: *»Ich würde gerne bei Ihnen mitarbeiten wollen, was können Sie mir anbieten …«*
- Jegliche Formalität wird außer Acht gelassen.

- Die Dokumente enthalten Viren.
- Umfangreiche Dateianhänge legen das System lahm oder lassen sich nicht öffnen.

E-Mail-Anschreiben

Verlangt das Stellenangebot nicht ausdrücklich die vollständigen Unterlagen, sind E-Mail-Bewerbungen eher Kurzbewerbungen (s. S. 115). Überhäufen Sie den Adressaten nicht mit einer unübersichtlichen Fülle von Dokumenten und Anhängen. Ein ansprechendes kurzes Anschreiben und ein klarer Lebenslauf reichen für den Erstkontakt aus.

Schicken Sie Ihre E-Mail-Bewerbung nicht an eine anonyme Pooladresse wie beispielsweise info@Firma.de oder kontakt@unternehmen.com. Sonst besteht die Gefahr, dass Ihre Unterlagen nicht oder erst verspätet in die Hände des zuständigen Entscheiders gelangen. Finden Sie möglichst vorab heraus, wer Ihr Ansprechpartner und Empfänger ist und wie seine E-Mail-Adresse lautet. Dann können Sie auch klären, ob eine E-Bewerbungsform die bevorzugte Variante ist und welche Wünsche vorhanden sind (ohne, mit allen Anlagen oder nur die letzten Zeugnisse etc.).

WICHTIGER HINWEIS

Die Betreffzeile im Mail-Kopf soll für Sie und Ihr Anliegen werben. Sie ist das erste, was der Empfänger von Ihnen liest. Geben Sie sich daher Mühe mit der Formulierung und machen Sie den Leser neugierig. Statt »Bewerbung« oder »Michaela Müller Bewerbungsunterlagen« weckt eine Betreff-Formulierung wie beispielsweise: »Ihre neue Büromanagerin« mehr Interesse.

Das (erste) Anschreiben wird in der E-Mail selbst formuliert, nicht im Dateianhang. Der Anhang enthält Ihren beruflichen Werdegang, evtl. auch eine Überblicksliste mit Arbeits-, Weiterbildungs- und Ausbildungszeugnissen, die Sie auf Wunsch nachreichen.

Es gibt auch Firmen, die sich auf telefonische Nachfrage Ihr Anschreiben gesondert im Datenanhang wünschen. In letzterem Fall reichen einige freundliche Zeilen, die sich auf die Bewerbung und das vorherige Telefonat beziehen, in der E-Mail selbst. Zusätzlich empfehlen wir, die persönlichen Daten wie Anschrift, Kontaktdaten, even-

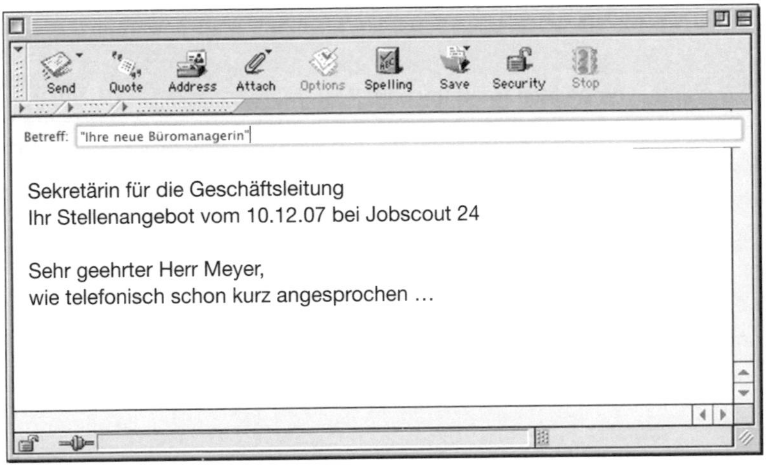

tuell Adresse der eigenen Bewerbungs-Homepage und drei Kernkompetenzen zum Stellenprofil mit aufzulisten.

Serienmails sind als Bewerbung ungeeignet. Formulieren Sie individuell für ein bestimmtes Unternehmen. Beziehen Sie sich dabei auf das entsprechende Stellenangebot oder bei einer Initiativbewerbung auf den Anlass und Ihr besonderes Mitarbeitsangebot.

Sprechen Sie den Verantwortlichen namentlich direkt an. Kennen Sie Ihren Ansprechpartner nicht, bleibt nur der Griff zum Telefon.

WICHTIGER HINWEIS

Auch bei einer E-Mail-Bewerbung gelten die üblichen Höflichkeitsformen und die deutsche Rechtschreibung.

Konzentrieren Sie sich auf das Wesentliche und bieten Sie an, die entsprechenden Unterlagen in Form einer schriftlichen Bewerbung oder bei einer persönlichen Begegnung gern nachzureichen.

Signalisieren Sie – wenn irgend möglich – auch Ihre Bereitschaft, telefonisch für weitere Auskünfte zur Verfügung zu stehen (s. S. 37). Nennen Sie Ihre Handynummer oder Ihren Festnetzanschluss mit Anrufbeantworter. Falls Sie zu einem für Sie unpassenden Moment angerufen werden, bitten Sie den Anrufer um Verständnis und erklären Sie: *»Ich bedauere, jetzt nicht mit Ihnen sprechen zu können. Darf ich Sie bitte zurückrufen …«*

Übersicht: Die vier gängigsten Varianten für Ihre E-Mail-Bewerbung

1. Variante – empfohlen für einfachere Positionen
Mail-Text (maximal sechs Absätze; insgesamt weniger als 20 Textzeilen): mit allen Punkten, die wir für ein »klassisches« Anschreiben empfehlen (s. S. 75) **plus** Dateianhang mit *Lebenslauf* (LL) und dem aktuellsten Arbeits- und/oder Ausbildungszeugnissen (AZ) oder auch eine Extradatei mit AZ.

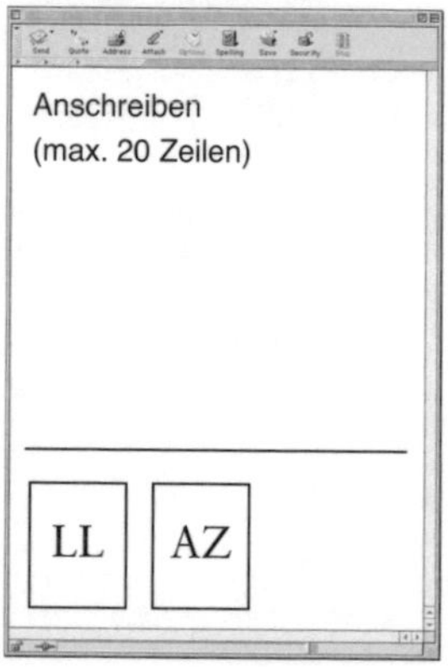

2. Variante – empfohlen für herausgehobenere Positionen ab etwa 35.000 Jahresbruttoeinkommen
Mail-Text (maximal drei Absätze; insgesamt weniger als sechs! Textzeilen): kurz Bezug nehmen auf Ihre Bewerbung, ggf. das Telefonat, ggf. Bewerbungs-Homepage; drei Kernkompetenzen nennen
plus Dateianhang mit »klassischem« Anschreiben (A) und Lebenslauf evtl. plus Arbeitszeugnis (AZ) evtl. in einer Extradatei.

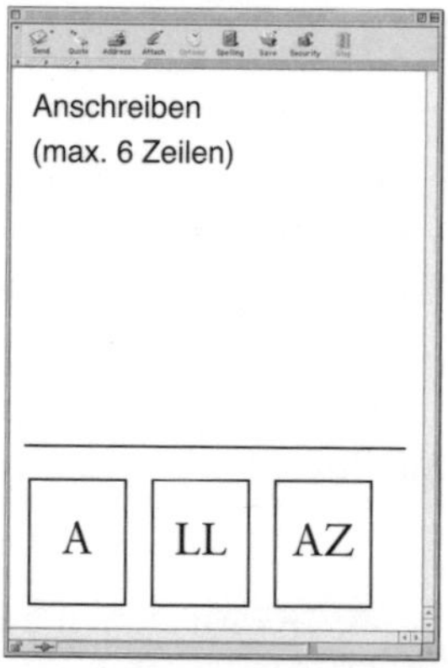

3. Variante – empfohlen für die erste Kontaktaufnahme
Mail-Text inklusive Lebenslaufdaten ohne Dateianhang: (maximal sechs Absätze; insgesamt weniger als 20 Textzeilen): formuliert wie ein »klassisches« Anschreiben mit den wichtigsten beruflichen Stationen; wegen der minimalistischen Form sehr beliebt bei Personalern. Keine weiteren Anhänge.

4. Variante – empfohlen für gehobene Positionen ab Jahresbruttoeinkommen über 45.000
Mail-Text inklusive Lebenslaufdaten (maximal sechs Absätze; insgesamt weniger als 20 Textzeilen): inklusive der wichtigsten beruflichen Stationen plus Dateianhang mit evtl. zusätzlichem Anschreiben und/oder *Lebenslauf* evtl. plus AZ, evtl. in einer Extradatei mit AZ.

Für alle Varianten gilt:
Die Schriftgröße sollte nicht kleiner sein als 10 Punkt.
Die Unterschrift am Ende der Mail können Sie maschinenschriftlich vornehmen oder (nicht unbedingt nötig!) Ihre Originalunterschrift in Blau scannen und einfügen.
Reihenfolge des Mailtextes: (persönliche) Anrede, Text, Grußformel, Unterschrift, Absenderblock (mit Ihren Kontaktdaten), Hinweis auf beigefügte Anlagen (falls welche mitgeschickt werden).
Für alle Varianten gilt: auf das Wesentliche reduzieren, keine langen Texte!

Form
Über 70 Prozent der Personaler handhaben E-Mail-Bewerbungen wie klassische Bewerbungen. Interessante Unterlagen werden ausgedruckt und dem bereits vorliegenden Bewerbungsmappenstapel hinzugefügt. Nehmen Sie daher in der Mail selbst schon kurz Bezug auf Ihren beruflichen Werdegang. Das gibt dem Leser einen Überblick, ob sich ein Klick in die angehängte Datei bzw. ein Ausdrucken lohnt. Ein Lebenslauf sollte, falls er als PDF-Datei beigefügt wird, gut formatiert sein.

Hinweis: Beschränken Sie Ihre Kreativität auf den Inhalt, nicht auf die Gestaltung des Mail-Textes. Nutzen Sie die klassischen Formatierungen – schwarz auf weiß, einzeilig. Mit anderen Textformatierungen (fett, kursiv, bunte Hintergründe) halten Sie sich besser zurück. Nicht selten ist das E-Mail-Programm des Empfängers so konfiguriert, dass es Ihre Nachrichten nicht in dem Format lesen kann, in dem Sie es abgesendet haben. Verwenden Sie also die einfachsten Standards und keine Spielereien!

Dateiformat

Ihren Mail-Text schreiben Sie am besten im »Nur-Text«-Format. Für Dateianhänge sollten Sie Ihr Dateiformat sorgfältig wählen bzw. vorher telefonisch nachfragen, was von Unternehmensseite gewünscht wird. Verzichten Sie grundsätzlich auf TIF-, GIF- und EPS- sowie PSD- und BMP-Dateien. Mit Word erzeugte DOC-Dateien sind den meisten PC-Benutzern zwar vertraut, haben aber Nachteile, wenn unterschiedliche Word-Versionen installiert sind. Zum einen bleiben Layout und Formatierung bei der Datenübertragung häufig nicht erhalten, zum anderen sind Word-Dateien anfällig für Makroviren. Relativ sicher und virenfrei sind RTF-Dateien, die auch Formatierungen beibehalten. Wählen Sie dazu in Ihrer Textverarbeitung, zum Beispiel in Word, unter »Speichern unter« die Option ».rtf«.

Eine professionelle Alternative dazu bieten sogenannte PDF-Dateien (Portable Document Format) der Softwarefirma Adobe. Adobe PDF ist ein Dateiformat, das alle Schriften, Formatierungen, Farben und Grafiken Ihres Dokumentes erhält. Im Geschäftsleben gehört die Software inzwischen zum Standard. Sie können mit dem kostenfreien FreePDF *(http://freePDFxp.de)* Ihre Dokumente problemlos und schnell in das PDF-Format umwandeln.

Fotos und eingescannte Dokumente (z.B. Arbeitszeugnisse) werden üblicherweise im JPG-Format gespeichert und versendet. Eine Alternative ist auch hier das PDF-Format.

Unterschrift

Sicher, es wirkt persönlicher und sieht ansprechend aus, wenn Sie Ihre eingescannte Unterschrift (Signatur) unter Anschreiben und Lebenslauf oder auch unter den E-Mail-Begleittext setzen, ist aber keine Bedingung. Formatiert in königsblauer Schrift wirkt Ihre eingescannte Unterschrift (Vor- und Zuname) sehr edel und elegant.

Datengröße und Bezeichnung

Falls Sie Ihrer E-Mail Dateianhänge (Zeugnisse, Lebenslauf, Arbeitsproben etc.) anfügen möchten, achten Sie auf die Größe des Anhangs. Diese sollte zwei Megabyte nicht überschreiten. Weniger ist mehr, erwähnen Sie, dass Sie weitere Unterlagen nachreichen können. Fassen Sie ferner Dokumente sinnvoll zusammen, kein Personalentscheider möchte jede Seite Lebenslauf, jedes Zeugnis einzeln öffnen.

Hinweis: Wählen Sie eine einfache wie auch sinnvolle Bezeichnung für Ihre mitgeschickten Dateien. Ihr Familienname, Vorname und der Hinweis auf Lebenslauf, Anschreiben oder Zeugnisse wie zum Beispiel »Mueller_Martin_Anschreiben« ist verständlicher als » AN.MM«.

TIPP

Testen Sie, wie Ihre E-Mail ankommt. Richten Sie sich eine zweite E-Mail-Adresse ein und schicken Sie eine Testbewerbung an sich selbst. So können Sie prüfen, ob Ihre Mail vollständig, ordentlich formatiert und werbefrei ankommt. Und richten Sie sich eine seriöse E-Mail-Adresse ein – blondangel@hotmail.com verrät einiges über Ihre Haarfarbe, wirkt aber auf den Personalchef nicht gewinnend.

Übersicht: Weitere sinnvolle Anlässe für einen Kontakt per E-Mail

- E-Mail als Ankündigung für Ihre Bewerbung: Machen Sie mit einigen kurzen Worten auf Ihre klassische Postsendung aufmerksam und wecken Sie bereits im Vorfeld die Neugierde des Empfängers.
- E-Mail zwischendurch: Sie haben Ihre Unterlagen verschickt und bisher nichts gehört. Nach ca. einer Woche ist eine Nachfrage per E-Mail angemessen. Erkundigen Sie sich kurz nach dem Stand der Dinge, dem Erhalt Ihrer Bewerbung und wann mit einer Rückmeldung zu rechnen ist. Bitte höflich, nicht ungeduldig oder gar vorwurfsvoll!
- E-Mail mit Dank für die Einladung oder nach dem Vorstellungsgespräch: Sich bedanken kommt immer gut an. Ob Sie sich für die freundliche Einladung vor und/oder nach dem geführten Vorstellungsgespräch bedanken, bleibt Ihnen überlassen (ggf. auch beides!). So bringen Sie sich den Entscheidern erneut in positive Erinnerung.

Auch bei diesen Anlässen sollten Sie alle oben genannten Standards (Adresse, Empfänger, Betreffzeile, Anrede, Absenderadresse, Signatur, Gestaltung etc.) beachten!

Online-Formular

Viele Unternehmen bieten potenziellen Bewerbern auf ihren Internetseiten die Möglichkeit, sich auf firmeneigenen Formularen »online« zu bewerben. Neben Rubriken, welche die Lebensdaten abfragen, gibt es meist auch Textfelder, die Platz für eigene Formulierungen zulassen. Einfache Formulare stehen oft »pro forma« auf den Webseiten. Sie sollen dem interessierten Besucher und eventuellen Bewerber signalisieren, dem Unternehmen ginge es wirtschaftlich so gut, dass es offen für neue Mitarbeiter ist und potenziell expandieren wolle. Das bedeutet nicht, dass tatsächlich Jobs zu vergeben sind.

Komplexe Bewerbungsfragebögen sind hingegen speziell entwickelt worden und berücksichtigen personalstrategische Gesichtspunkte. Wenn Sie eine solche Vorlage ausfüllen, können Sie sicher sein, dass er auch bearbeitet wird. Ob das voll- oder teilautomatisch geschieht, bleibt offen. Je schneller Sie eine Absage bekommen, desto wahrscheinlicher ist ein automatisches, das heißt computergestütztes Auswahlverfahren, das aufgrund einer oder mehrer Datenabgleiche und Übereinstimmungen (z.B. Alter, Bildungsabschlüsse, Verweildauer an Arbeitsplätzen) entscheidet, ob Sie für das Unternehmen als potenzieller Mitarbeiter interessant sind oder nicht.

TIPP

Bewerben Sie sich nur dann auf diesem Weg, wenn Sie den Eindruck haben, dass die Firma ernsthaft an Ihrer Online-Bewerbung interessiert ist. Ein sicheres Zeichen dafür ist eine Annonce, die direkt mit einem Online-Formular verknüpft ist.

Offene Fragen

Häufig werden in Bewerbungsformularen Fragen wie »Warum bewerben Sie sich bei uns?« gestellt. Hier sind Kreativität und Formulierungsgeschick gefragt. Lassen Sie sich etwas Besseres einfallen als »weil ich arbeitslos bin« oder »weil es ein toller Job ist, der viel Geld bringt«. Recherchieren Sie, welche Philosophie die Firma hat und passen Sie Ihre Antwort entsprechend an – ohne sich anzubiedern.

Bevor Sie solche Textfelder ausfüllen, überlegen Sie sich gut, was

Sie schreiben. Am besten formulieren Sie zunächst einen Text in einer separaten Datei, den Sie anschließend in die Felder des Formulars kopieren.

Wichtig: Bleiben Sie stets kurz und prägnant. Wer zu viel schreibt, fällt unangenehm auf!

Dateianhänge

Eventuell können Sie Dokumente an die Online-Bewerbung anhängen (Zeugnisse, Zertifikate, *Lebenslauf* etc.). Nutzen Sie diese Möglichkeit, wenn Ihre Unterlagen in gescannter Form vorliegen. Falls nicht, auch kein Problem, bei Interesse wird sich der Personalverantwortliche melden und Ihre Unterlagen nachfordern.

Um genau zu wissen, was Sie in Ihrer Bewerbung geschrieben haben, ist es ratsam, sich alle Angaben zu kopieren oder auszudrucken. Wählen Sie dafür die Funktion mit »Datei/Speichern unter ...«, bei Texten aus Textfeldern markieren und sichern Sie diese mit »Kopieren/Einfügen« in einem eigenen Textdokument.

Wartezeit

Nachdem Sie das Online-Formular abgeschickt haben, erhalten Sie meist automatisch eine Bestätigung, dass Ihre Bewerbung angekommen ist. Wenn Sie nach drei bis fünf Tagen noch nichts gehört haben, dürfen Sie per E-Mail oder telefonisch nachfragen.

Grenzen des Verfahrens

Firmen können bestimmte Kriterien eingeben, beispielsweise ein Höchstalter, eine maximale Studiendauer oder eine Job-Verweildauer. Falls Sie diese Vorgaben nicht erfüllen, wird Ihre Bewerbung computergestützt aussortiert und Sie erhalten automatisch eine Absage per E-Mail. Sind Sie trotzdem sicher, dass Sie alle Anforderungen erfüllen, hilft nur eins: Nehmen Sie die herkömmlichen Wege in Anspruch und greifen Sie zum Telefon.

PowerPoint

Eine Bewerbung mit PowerPoint empfiehlt sich, wenn für den entsprechenden Arbeitsplatz sehr gute PowerPoint-Kenntnisse wünschenswert sind oder eine sichere Selbstdarstellung vorausgesetzt wird.*

Die Gestaltung

Gestalten Sie eine kompetente und gleichzeitig unaufdringliche Selbstpräsentation, wie sie der potenzielle Arbeitgeber erwarten würde. Verwenden Sie gegebenenfalls die Hausfarben und bauen Sie evtl. das Firmenlogo dezent ein. Stellen Sie eine angemessen kurze Präsentationsdauer pro Folie ein und testen Sie die Zeiteinstellungen der Folienübergänge im Freundeskreis. Zeigen Sie sich kompetent im Umgang mit PowerPoint, ohne dabei den Bogen zu überspannen: wenn Sie technische Spielereien verwenden, sollten diese auch zu Ihrer Bewerbung passen. Benutzen Sie nur Animationen, Grafikeffekte oder Soundoptionen, die Ihre Botschaft unterstützen und sie nicht überdecken. Wichtiger ist eine gute Dramaturgie – ein spannender Start, ein interessanter Mittelteil und ein überraschender Schluss. Zugegeben, alles leichter gesagt als getan!

Machen Sie sich bewusst, dass bei Bewerbungen im Design- und Grafikbereich höhere Anforderungen an die gestalterischen und technischen Fähigkeiten gestellt werden als zum Beispiel im medizinischen, juristischen oder kaufmännischen Bereich.

Format und Umfang

Eine Präsentation in PowerPoint kann technisch so »eingepackt« werden, dass der Empfänger das entsprechende Office-Programm der Firma Microsoft nicht benötigt. Bei Bedarf sollten Sie Expertenrat einholen, um alle sinnvollen Möglichkeiten von PowerPoint zu nutzen. Berücksichtigen Sie, dass Effekte, die Sie mit neueren Programmversionen erzeugt haben, unter Umständen nicht von älteren wiedergegeben werden. Ein Versand Ihrer Präsentation per E-Mail darf nicht die üblichen Größen von etwa zwei bis drei Megabyte überschreiten.

* Sie finden ein Beispiel unter www.berufsstrategie.de/neuewege

Business-Kontaktbörsen

Business-Kontaktbörsen bieten Ihnen die Möglichkeit, Ihr berufliches Profil im Internet zu präsentieren und gleichzeitig mögliche neue Arbeitgeber oder Firmenvertreter direkt anzusprechen. Diese können sich umgehend Ihren beruflichen Werdegang ansehen und bei Bedarf umfangreichere Bewerbungsunterlagen anfordern.

Der Unterschied zu einer »normalen« Jobbörse wie zum Beispiel *www.monster.de* liegt in der Sichtbarkeit der Teilnehmerprofile für alle Mitglieder – jeder kann jedes vorhandene Profil aufsuchen und bei Interesse eine Nachricht hinterlassen.

Business-Kontaktbörsen sind eine moderne Form der unkomplizierten Ansprache und des Austausches von untereinander unbekannten Personen. Bisweilen ist die Möglichkeit der Kontaktaufnahme mit einer kostenpflichtigen Mitgliedschaft verbunden.

In Deutschland gibt es seit 2003 mit Xing (früher OpenBC) eine sehr große, international orientierte offene Business-Kontaktbörse, in der Vertreter aus allen denkbaren Branchen zu finden sind. Mehr als zwei Millionen Menschen sind dort registriert, bei Linkedin sind es weltweit etwa zehn Millionen. Hochrangige Bewerber bevorzugen hingegen exklusivere Kontaktbörsen, für die es Zugangsbeschränkungen (Alter, Position, Gehalt, Mitgliedschaft nur auf Empfehlung etc.) gibt.

Übersicht: Business-Kontaktbörsen

Offen	**Geschlossen**
www.xing.com	www.performerscircle.com
www.linkedin.com	www.manager-lounge.com
www.viado.com	

Suchen Sie eine Business-Kontaktbörse, die von Ihren Wunscharbeitgebern genutzt wird, und hinterlegen Sie Ihr Profil. Beachten Sie, dass diese Profilinformationen zu Ihrem beruflichen Hintergrund passen, beziehungsweise stimmen Sie Ihre schriftlichen Bewerbungsunterlagen dahingehend ab. Dazu gehören ein ansprechendes Foto in angemessener »Berufs(ver)kleidung« sowie eine Auflistung der relevanten beruflichen Stationen. Dann können Sie gezielt Ansprechpartner suchen und diese höflich kontaktieren.

Grundsätzlich gilt: Kontakte, die im Internet angebahnt werden und sich vielversprechend anlassen, müssen kurzfristig durch eine persönliche Begegnung intensiviert werden. Das gilt besonders für den Bewerbungsprozess.

Profile auf Firmen-Homepages oder Stellenbörsen

Auf einigen Firmen-Homepages sowie in Internet-Stellenbörsen können Sie Ihr Berufsprofil hinterlegen. Diese Profile werden nach entsprechenden Kriterien technisch ausgewertet und gegebenenfalls den Entscheidern zugeleitet, die dann bei Interesse Kontakt zu Ihnen aufnehmen können.

WICHTIGER HINWEIS

Ob diese technischen Bewertungsverfahren immer die besten Kandidaten herausfiltern und weiterleiten, ist fraglich. Nutzen Sie daher bei solchen Firmen parallel auch andere Formen der Bewerbung.

Die Kunst beim Ausfüllen der berufsbezogenen Fragen besteht in der richtigen Mischung aus »angepasstem« Ausfüllen und individueller Präsentation. So können Sie Ihre eigene Persönlichkeit für andere schnell und gut erkennbar werden lassen. Am besten funktioniert das mit der Eingabe von freien Texten unter der Bezeichnung »Sonstiges« oder »Wollen Sie uns noch etwas mitteilen?« (s. a. Texte für die Dritte Seite S. 109).

Vergessen Sie nicht, die eingegeben Daten zu sichern oder einen Ausdruck für sich zu erstellen. Damit punkten Sie, wenn im Vorstellungsgespräch die Rede auf Details kommt. Teilweise können Sie auch Ihre eigenen Dokumente hochladen. Das ist Ihre Chance, sich abseits von standardisierten Eingabemasken individuell zu präsentieren.

Die eigene Homepage

Stellen Sie Ihre eigene Homepage ins Internet, auf der Sie sich potenziellen Arbeitgebern präsentieren. Durch diese elektronische Visitenkarte erfahren die Entscheider mehr über Sie, und Sie heben sich bei einer gut gemachten Präsentation positiv von Ihren Mitbewerbern ab. In Ihren schriftlichen Bewerbungsunterlagen weisen Sie entsprechend auf Ihre Seite im Internet hin.

Generell gilt: Eine für Ihre Bewerbung als Unterstützung konzipierte Homepage sollte auf keinen Fall farblich und inhaltlich überladen sein oder mit lustigen Urlaubsbildern sowie Lieblingswitzen ausgeschmückt werden. Ihr Ziel ist es, sich prägnant, kompetent, hoch motiviert und sehr sympathisch zu präsentieren (denken Sie an KLP). Nutzen Sie die Internetsuche und finden Sie Homepages, die ebenfalls konzipiert worden sind, um die Bewerbung zu unterstützen. Schauen Sie sich deren Gestaltung sowie die inhaltlichen Schwerpunkte an.

Technische Umsetzung

Neben einer eigenen Internetadresse benötigen Sie zur Erstellung Ihrer Homepage ein entsprechendes Webeditor-Programm wie zum Beispiel Microsoft Frontpage. Auch bei PowerPoint oder Word ist es möglich, die erzeugten Seiten im Format HTML abzuspeichern. Ferner existieren leicht bedienbare Webeditoren, die Ihnen beispielsweise beim Kauf Ihrer Internetadresse kostenlos zur Verfügung gestellt werden. Wenn Ihnen die grafische Gestaltung und technische Umsetzung Ihrer Homepage zu viel Mühe macht und das Ergebnis eher laienhaft wäre, lohnt es sich, einen professionellen Webdesigner zu beauftragen (Kosten: ab ca. 100 Euro aufwärts).

TIPP

Testen Sie Ihre Seiten auf unterschiedlichen Computern, mit verschiedenen Webbrowsern und unterschiedlichen Bildschirmauflösungen. Nur so sind Sie sicher, dass Ihre Homepage auch wirklich fehlerfrei online gehen kann.

Inhaltliche Umsetzung

Zu den Inhalten einer Homepage gehören: eine Kurzvorstellung der eigenen Person mit den wichtigsten Daten, ein *Lebenslauf*, den man direkt ausdrucken kann, sowie ausgewählte Zeugnisse und eventuell Arbeitsproben (Fotos). Sensible Daten wie Zeugnisse oder Arbeitsproben können Sie durch ein Passwort schützen und so nur einer speziellen Personengruppe zugänglich machen. Dieses Passwort übermitteln Sie zusammen mit Ihren schriftlichen Bewerbungsunterlagen.

Überlegen Sie sich gut, ob Sie aufwendige Animationen oder umfangreiche multimediale Inhalte in Ihre Seite integrieren wollen. Das kostet die Besucher unnötig Zeit. Verwenden Sie ein Layout, das den Erwartungen Ihrer Zielgruppe entspricht und trotzdem Ihre eigene Persönlichkeit angemessen präsentiert.

Domainname

Die beste Variante ist eine Webadresse, die den eigenen Namen enthält, also zum Beispiel *www.sandra-schelling.de* für eine Homepage von Sandra Schelling. Welche Namen mit dem Abschlusskürzel »de« noch nicht vergeben sind, erfahren Sie unter *www.denic.de*. Es ist auch möglich, bei Anbietern wie T-Online oder AOL seine eigene Homepage hochzuladen, man erscheint dann nicht mit der eigenen Domain, sondern in einem Unterverzeichnis.

Übersicht: Sechs wichtige Regeln für die perfekte Homepage

- Weniger ist mehr. Versuchen Sie nicht durch eine übermäßige grafische Gestaltung, sondern durch eine zweckmäßige und trotzdem kreative Präsentation aufzufallen.
- Stellen Sie wichtige inhaltliche Punkte gut sichtbar sowie leicht erreichbar in den Vordergrund.
- Vergessen Sie nicht, etwas über Ihre Persönlichkeit zu kommunizieren und vermeiden Sie Links zu zweifelhaften Internetseiten.
- Sorgen Sie dafür, dass Ihre Kontaktdaten leicht auffindbar sind.
- Achten Sie auf Metatags, damit Ihre Homepage von den Suchmaschinen gut gefunden wird (weitere Infos unter: *www.suchfibel.de*).
- Halten Sie die Daten und die Gestaltung Ihrer Homepage auf dem aktuellen Stand.

Wichtig: Bei E-Bewerbungen auf das Wesentliche reduzieren, deutlich mehr als bei einer klassischen Bewerbung. Arbeiten Sie äußerst sorgfältig. Versenden Sie keine Massen-Bewerbungs-E-Mails. Testen Sie vorab, wie eine Bewerbung ankommt. Drucken Sie sich ein Online-Bewerbungsformular aus, bevor Sie es ausfüllen (damit Sie es nicht zufällig abschicken). Füllen Sie alle Felder aus, auch wenn das bedeutet, dass Lücken zugegeben werden müssen.

Optisch: Verwenden Sie keine Spielereien, keine sich drehenden Logos oder aufwendigen Popups. Personalentscheider haben grundsätzlich wenig Zeit und möchten diese nicht mit der Suche nach den entsprechenden Informationen verbringen.

Außergewöhnlich – wie Sie positiv auffallen

Aus unserer täglichen Praxis in den *Büros für Berufsstrategie* wissen wir, dass viele Bewerber trotz aller Bemühungen nicht zu Vorstellungsgesprächen eingeladen werden. Meist beobachten wir zwei Kardinalfehler: Zum einen sind Bewerbungsunterlagen nicht klar strukturiert bzw. im positiven Sinne informativ; die 08/15-Variante weckt beim Leser nicht den Wunsch, den Kandidaten näher kennenzulernen. Zum anderen ist aufgrund unklarer beruflicher Vorstellungen oder persönlicher Unsicherheiten die Auswahl der potenziellen Arbeitgeber zu unspezifisch und dadurch wenig erfolgversprechend.

Im Folgenden möchten wir Ihnen daher zeigen, wie Sie Ihre Bewerbungsunterlagen erfolgreich von »Massenbewerbungen« abheben; Hinweise, wie Sie Ihre beruflichen Vorstellungen konkretisieren und entsprechend potenzielle Arbeitgeber selektieren, finden Sie auf Seite 10.

Anlagenverzeichnis

Einfach, aber sehr effektiv: das Anlagenverzeichnis. Platziert hinter den Lebenslaufseiten, gibt es auf einen Blick Auskunft darüber, mit welchen beigefügten Unterlagen Sie dem Leser schwarz auf weiß zeigen, was Sie zu bieten haben. Es geht um die Auflistung der üblicherweise im Anhang mitgelieferten Fotokopien von Ausbildungsabschlüssen, Fortbildungszertifikaten und an erster Stelle – um Ihre Arbeitszeugnisse. Wenn Sie nur drei Anlagen haben, ist ein Anlagenverzeichnis nicht sinnvoll (beispielsweise bei Azubis). Anderenfalls bieten Sie dem

Leser mit dem Anlagenverzeichnis einen Überblick, an welcher Uni Sie beispielsweise studiert haben oder bei welchen Arbeitgebern Sie tätig waren; Unterlagen von besonderem Interesse sind so für den Leser schneller zu finden. Sie können dabei auch Rubriken aufführen, z.B.: Arbeitszeugnisse (chronologisch rückwärts: das neueste vorn, das älteste hinten), gefolgt von Weiterbildungsnachweisen (ebenso sortiert) und dann gegebenenfalls Ausbildungs- und Schulabschlusszeugnisse.

Dezent farbige Zwischenblätter helfen, die einzelnen Rubriken optisch voneinander abzugrenzen. Jedes Zwischenblatt kann (muss aber nicht) erneut mit einer Inhaltsübersicht der folgenden Blätter versehen sein.

Profil

Alle reden davon, aber keiner erklärt es. Was genau ist ein Bewerberprofil?

Ihrem Profil kommt eine ähnlich wichtige Bedeutung zu wie Ihrem *Lebenslauf* (besser: beruflicher Werdegang). Es hat die spezielle Funktion, Ihr besonderes Nutzenangebot, Ihre USP (Alleinstellungsmerkmal, das, was Sie positiv von anderen Bewerbern unterscheidet), kurz und knapp zu vermitteln, Ihre Problemlösungsfähigkeit überzeugend vor Augen zu führen. Das vermittelt Ihr *Lebenslauf* auch, aber in deutlich anderer Form. Bei beiden geht es um den Nachweis Ihrer speziellen Kompetenz, hohen Leistungsmotivation und besonderen Persönlichkeit (KLP). Ihr Profil soll vor allem in ganz kurzer Form Auskunft darüber geben, was Sie aktuell leisten können (und auch diesbezüglich schon geleistet haben), um einen Personalentscheider sicherer abschätzen zu lassen, ob er Ihnen die neue Aufgabe zutrauen kann.

Ein gutes (papierenes oder auch elektronisches) Profil, das Sie auch ohne weitere Anlagen, nur mit einem kurzen Anschreiben, verschicken können, kann Ihnen wesentlich dabei helfen, im Bewerbungsprozess weiterzukommen. Denn erklärtes erstes Ziel ist die Einladung zu einem persönlichen Gespräch. Ihre Unterlagen, hier insbesondere Ihr Profil, sollen das Interesse an Ihrer Person, an Ihren Fähigkeiten und damit an Ihren Problemlösungsqualitäten fördern. Bei der Anfertigung eines solchen Profils bieten sich Ihnen viele Möglichkeiten, sich positiv von der Masse der Bewerber abzuheben.

Inhalt

Ihr Profil bildet die wichtigsten »Marker« ab, die erkennen lassen, dass Sie für die zu besetzende Position, die anstehenden Probleme, Aufgaben etc. die richtige, bestgeeignete Person sind. Ihr Profil sollte also sehr genau auf die Position oder für die Art der Problemlösungen, für die Sie sich bewerben, ausgerichtet sein.

Umfang

Alles, was Sie für diese Aufgaben besonders qualifiziert, interessiert und muss zu Papier gebracht werden. Alles andere lassen Sie weg. Auch an dieser Auswahl erkennt man, mit wem man es zu tun hat! Ihr Profil sollte deshalb nicht länger als eine, maximal bis zu zwei Seiten sein!

Form

Für Ihr Profil (genau dies ist auch die Überschrift: Profil) gelten die gleichen Layoutregeln (Stichwort Ästhetik), wie für den Lebenslauf (s. a. S. 50). Unter der Überschrift »Profil« folgt ein zweispaltiger Aufbau, dessen Abteilungen durch linksseitige Überschriften geprägt sind und deren inhaltliche Ausführung rechts daneben steht. Übrigens: es ist nicht üblich, das Profil zu unterschreiben! Die folgenden Punkte sind eine Anregung, es gibt keine feststehenden Regeln, nach denen sich Ihr Profil (linksseitig) aufbaut:

Übersicht: Ausgewählte Themen-, Überschriftenvorschläge, die Ihr (Angebots-)Profil abbilden

- Vor- und Zuname, Geburtsdatum/Ort
- Berufsbezeichnung
- Kontaktdaten (nur die wichtigsten)
- Ausbildungshintergrund
- Schwerpunktkenntnisse und Erfahrungen (das ist sehr wichtig!)
- durchgeführte Projekte und erzielte Erfolge (hier steht am meisten!)
- ggf. berufliche Auslandsaufenthalte

- Weiterbildung und Seminare
- ggf. Mitgliedschaften in Verbänden und Fachgremien
- Engagement, Interessen
- Sprachkenntnisse
- EDV-Kenntnisse
- Führerscheine/Lizenzen
- ggf. Veröffentlichungen, Vorträge
- ggf. Lehr- und/oder Prüfungs- und/oder Gutachtertätigkeit
- Interessen, Engagement, Hobbys

Übersicht: Beispiele für ein Suchprofil

- 30 Std./Woche
- nur im Raum XY
- Jahreseinkommen nicht unter 40.000 Euro
- kleines Team bevorzugt
- flache Hierarchie
- hohe Eigenverantwortung
- Selbstständigkeit

Dritte Seite

Warum eine *Dritte Seite* als Ergänzung zum *Lebenslauf*? Die im Bewerbungsanschreiben enthaltenen Informationen und »Verkaufsargumente« werden in der Regel vom auswählenden Leser wegen der Vielzahl der eingehenden Bewerbungsunterlagen wenig beachtet. So wird der Text des Anschreibens meist nur kurz überflogen (30 Sekunden bis maximal 1,5 Minuten), um sich dann der beigefügten Bewerbungsmappe – insbesondere dem Foto des Bewerbers –, der beruflichen Ausgangssituation, seinen Interessen, Hobbys oder sonstigen Kenntnissen sowie den formalen Ausbildungs- und Arbeitsdaten zuzuwenden.

Bei einem interessanten Kandidaten liest man auch die weiteren Anlagen – meist Arbeits- und Ausbildungszeugnisse. Neugierig macht dann eine Dritte Seite in Ihren Bewerbungsunterlagen, etwa mit der Überschrift: »Was Sie sonst noch von mir wissen sollten ...«

Wem es an dieser Stelle gelingt, in wenigen kurzen Sätzen das richtige Bild zu vermitteln, der kann – wenn die anderen Eckdaten stimmen – mit einer Einladung zum Vorstellungsgespräch rechnen.

Denn: Diese Dritte Seite hebt Sie positiv von der Menge der eingesandten Bewerbungsunterlagen ab. Eine gute Chance für Sie, wenn Sie Ihrem potenziellen Arbeitgeber etwas von sich zu berichten wissen. Übrigens gerade auch dann, wenn von Ihnen eine Handschriftenprobe verlangt wird und Sie diese sinnvoll per Dritter Seite abgeben können.

Weitere Stichpunkte für die Dritte Seite könnten eine Auflistung Ihrer Erfahrungen oder Arbeitsschwerpunkte und Projekte sein, die für Sie als den richtigen Kandidaten sprechen, oder besondere Fortbildungsveranstaltungen. Bedenken Sie jedoch, dass ab einem Jahreseinkommen über 70.000 Euro eine Dritte Seite mit persönlichen Argumenten für eine Einladung zum Vorstellungsgespräch eher unpassend wäre.

Papier

Es empfiehlt sich, das gleiche Papier zu wählen wie für die vorangegangenen Seiten (schwereres, festes Papier). Denkbar wäre auch ein hochwertigeres Papier, wie es für Urkunden verwendet wird. Es sollte sich von den übrigen Anlagen (Zeugniskopien etc.) positiv abheben.

Überschrift

Soll überraschen, Interesse und Neugierde wecken und kurz aussagen, worum es geht.

Übersicht: mögliche Überschriften

- Zu meiner Bewerbung
- Meine Motivation
- Warum ich mich bewerbe
- Zu meiner Person
- Ich über mich
- Was mich qualifiziert
- Warum ich?

Der Kreativität sind kaum Grenzen gesetzt; Überschrift und Text sollten nur zusammenpassen!

Aufbau

Was sind die Argumente und Aussagen, was ist Ihre Botschaft, die bei dem auswählenden Leser eine Einladung zum persönlichen Gespräch bewirkt?

Sie haben etwa sieben bis maximal fünfzehn Zeilen zur Verfügung, um Ihre Person (oder K- und L-Informationen bzw. eine Kombination daraus) vorzustellen. Breite: nicht mehr als 60 Anschläge, Schriftgröße ab 11 Punkt.

Inhalt
In Frage kommen Aussagen zu Ihrer Person, Motivation und Kompetenz (siehe auch KLP, S. 23). Versuchen Sie nicht, zu viele Informationen auf diese Seite zu pressen. Das macht keinen guten Eindruck.

Inhaltlich darf die von Ihnen gewählte Botschaft mit Aussagen im Anschreiben, mit *Lebenslauf*- und Arbeitsplatzstationen in Zusammenhang stehen, sollte aber persönlicher und pointierter formuliert sein.

Wie gesagt: darf, muss aber nicht. Bloße Aufzählungen wie: Ich bin der Größte, Schnellste, Schönste etc. überzeugen wenig, bewirken eher das Gegenteil. Nicht die pure Aneinanderreihung bringt's, sondern die für den Leser nachvollziehbare – weil auch im *Lebenslauf* erkennbare – (logische) Argumentation.

Abschluss
Wir empfehlen Ihnen, mit königsblauer Tinte zu unterschreiben.

Hinweis: Eine Dritte Seite muss gut getextet sein, damit sie positiv auffällt. Holen Sie sich Meinungen zu Ihrem Dritte-Seite-Entwurf ein; im Zweifelsfall kommen Sie besser ohne aus …

CHECKLISTE: DRITTE SEITE

- ☐ Sind Ihre Themen, Ihr Inhalt an den drei entscheidenden Weichenstellern orientiert: Kompetenz, Leistungsmotivation, Persönlichkeit?
- ☐ Haben Sie sich klar, kurz und verständlich ausgedrückt, ohne phrasenhaft zu werden?
- ☐ Ist Ihnen eine gute Überschrift gelungen, die zum Lesen animiert?
- ☐ Wie erleben andere Ihre Dritte Seite? Holen Sie sich Beurteilungen von Menschen ein, denen Sie vertrauen können.

Heinz Dauerwald, Stillezeile 55, 12587 Berlin, Telefon 030 1117989

Warum ich mich bewerbe?

Die Fähigkeit zum konzeptionellen Arbeiten und mein Organisationstalent habe ich besonders beim Aufbau einer neuen Abteilung Prozesssteuerung mehrfach unter Beweis gestellt. Ich bin es gewohnt, selbstständig und im Team zu arbeiten und weiß, dass meine bisher gezeigte Einsatzbereitschaft und kreative Flexibilität beim Lösen unterschiedlichster Problemfälle erfolgreich war.

Engagement und Belastbarkeit gehören zu meinen Persönlichkeitsmerkmalen. In einem für die Kreativität förderlichen Unternehmensklima konnte ich mit innovativen, kostenbewussten und termingerechten Lösungen überzeugen. Teamkollegen schätzen meine Hilfsbereitschaft und die Fähigkeit, neue Sachverhalte schnell zu erfassen und umzusetzen.

Als praxiserprobter Ingenieur vom Fach beherrsche ich alle „Register", von der Improvisation bis zur Perfektion, in der Verantwortung für die Sicherheit von Technik und Umwelt.

... um etwas zu bewegen!

Berlin, 19. März 2008

Heinz Dauerwald

Ein zeitsparender Hinweis

Erteilen Sie dem Empfänger die Erlaubnis, Ihre Unterlagen zu vernichten, wenn er Sie nicht zum Vorstellungsgespräch einladen möchte. So zeigen Sie, dass Sie mitdenken, und ersparen ihm Arbeit, Zeit und ein schlechtes Gewissen. Ein solcher Hinweis kann schon mal »das Zünglein an der Waage« sein, denn er lässt erkennen, dass Sie sich Gedanken machen, Organisations-Einfühlungsvermögen zeigen etc. Nicht wenige Personalentscheider sind davon positiv beeindruckt – und laden Sie gerade deshalb zum Vorstellungsgespräch ein.

Natürlich muss dieser Hinweis nicht nur sorgfältig formuliert, sondern auch gut platziert sein. Das Ende des Anschreibens (falls Sie kein P.S. haben) bietet sich an, die letzte Seite vor den Anlagen oder der spezielle (fett gedruckte) Hinweis im Anlagenverzeichnis, wegen einer besonderen »Verarbeitungsinformation« oder wie *Sie* es nennen wollen unbedingt auf die allerletzte Seite zu schauen. Auf der letzten Seite, die auch farbig sein kann, findet der Empfänger dann Ihren etwa dreizeiligen Hinweis. Das kann positive Auswirkungen für Sie haben ... ganz im Gegensatz zum dem, was so mancher Schreiber bei diesen Zeilen befürchtet: »Ist das nicht zu pessimistisch?« – Antwort: »NEIN, ist es nicht! Vorausgesetzt, Sie haben sich mit Ihren Unterlagen Mühe gegeben und etwas Interessantes anzubieten ...«

Initiativbewerbung

Nehmen Sie es selbst in die Hand. Bewerben Sie sich unaufgefordert, »eigeninitiativ«, und zeigen Sie damit, dass Sie etwas bewegen, etwas Besonderes leisten wollen. Die sicherlich kürzeste Initiativbewerbung wäre ein Stellengesuch. Anschauliche, überzeugende Beispiele für die Gestaltung einer ausführlichen Initiativbewerbung finden Sie auf den Seiten 122ff.

Bevor wir uns mit der Initiativbewerbung intensiver auseinandersetzen, kurz zur verwirrenden Begriffsvielfalt: Blind- oder Direktbewerbung, kalte, aktive oder unaufgeforderte Bewerbung: alle benennen denselben Bewerbungsvorgang. Der Bewerber nimmt unaufgefordert, auf eigene Initiative hin Kontakt mit einem potenziellen Arbeitgeber auf, um sich und seine Fähigkeiten anzubieten.

TIPP

Nutzen Sie konkrete Anlässe für Ihre Bewerbung. Sie können beispielsweise Themen aus Fachartikeln in Zeitungen oder Zeitschriften aufgreifen, die sich mit den Firmen beschäftigen, bei denen Sie sich bewerben möchten. Dabei spielt es keine Rolle, ob diese auf ein hundertjähriges Firmenjubiläum stolz sind, eine Innovation am Markt einführen wollen oder Absatzschwierigkeiten haben.

Das entscheidende Kommunikationsziel bei der Initiativbewerbung ist, die Fragen zu beantworten, warum Sie sich gerade für dieses spezielle Unternehmen interessieren und was Sie Besonderes anzubieten haben. Aspekte, die bei jeder Bewerbung inhaltlich zu berücksichtigen sind, besonders jedoch bei einer Initiativbewerbung, da es darauf ankommt, einen noch nicht erkannten Bedarf zu wecken.

Eine Initiativbewerbung muss besonders sorgfältig vorbereitet sein, um in der Argumentation überzeugend aufzutreten. Ihre zentralen Botschaften sollten Auge, Herz und Verstand des Lesers und Entscheiders erreichen und den Wunsch auslösen, Kontakt mit Ihnen aufzunehmen.

Am Anfang steht die Vorauswahl von Branche und potenziellen Arbeitgebern sowie die genaue Analyse, was wo gebraucht wird und was daraufhin speziell Ihr Angebot ist.

Je mehr Sie von der Branche wissen, je individueller Ihre Unterlagen auf die speziellen Bedürfnisse des jeweiligen Arbeitgebers zugeschnitten sind, desto erfolgversprechender ist Ihre Bewerbung.

Experten gehen davon aus, dass etwa 30 bis 40 Prozent aller Arbeitsplätze über eine Initiativbewerbung »erobert« werden. Personalchefs interpretieren diese Form des Vorgehens als Hinweis auf eine starke Motivation und zielorientiertes, aktiv-dynamisches, erfolgsorientiertes Vorgehen und Handeln und bewerten diese Bewerbungen daher eher positiv.

Kurzbewerbung und Bewerbungsflyer

Schnell zur Sache kommen mit einer Kurzbewerbung! Entscheidendes Merkmal: die Kürze und damit Schnelligkeit, mit der der Leser informiert wird. Üblich sind zwei Seiten: eine, die das (knappe) Anschreiben transportiert (ca. eine halbe Seite), eine zweite, die die berufliche Entwicklung darstellt. Selten sind eine Seite (als Kombination zwischen Anschreiben und Lebenslauf) oder die Beifügung weiterer Anlagen (Ausnahme z.B. bei Azubi-Bewerbern, die als dritte Seite die Kopie des letzten Schulzeugnisses beifügen).

Vorteil einer Kurzbewerbung ist die preisgünstige Herstellung und der Versand. Hier braucht es keine aufwendige Verpackung; der Versand ist mit einem üblichen C6-Umschlag portogünstig durchzuführen. Auch auf den Rückversand durch den Empfänger kann verzichtet werden.

Trotz dieser wenigen Seiten sollten Sie ein Foto beilegen. Ob Originalfoto oder fotokopiert bzw. eingescannt, spielt dabei eine untergeordnete Rolle. Hauptsache ansprechend.

Wichtig bleibt Ihre konzeptionell gut durchdachte Vorbereitung. Dieses Verfahren empfehlen wir für Azubis, junge Hochschulabsolventen und Kandidaten, die deutlich weniger als 40.000 Euro im Jahr verdienen; qualifiziertere Bewerber sollten lieber den klassischen Weg wählen.

Handlich, praktisch, gut. Noch kürzer als eine Kurzbewerbung ist der Bewerbungsflyer, mit dem Sie beispielsweise auf sich als Ausbildungsplatzsuchenden aufmerksam machen können.

Kosten senken, Aufmerksamkeit erhöhen. Solch ein Flyer ist kein Ersatz für komplette Bewerbungsunterlagen, sondern ein *weiteres* »Werkzeug« in Ihrem »Bewerbungskoffer«. Er eignet sich ideal für die Initiativbewerbung. Im Vorfeld haben Sie auch hier geringere Herstellungskosten als bei einer vollständigen Bewerbungsmappe und erzeugen gleichzeitig mehr Aufmerksamkeit. Viele Arbeitgeber, die unaufgefordert von Ihnen angeschrieben werden, finden es angenehmer, zunächst einen kurzen Eindruck von Ihrer Person zu bekommen, als durch viele Unterlagen zu blättern. Der Flyer funktioniert als Türöffner, mit dem Sie herausfinden, ob Bedarf an Ihrer Mitarbeit besteht. Auch auf Messen und Jobbörsen ist dieses Instrument eine ideale Möglichkeit, persönliche Kontakte zu knüpfen und ins Gespräch zu kommen. Stellen Sie sich vor, Sie überreichen nach einer Unterhaltung Ihren Flyer mit folgenden Worten: »Ich freue mich sehr, dass Sie sich Zeit für mich genommen haben und wir ein so interessantes Gespräch führen konnten. Ich würde gerne mehr über die Ausbildung/Mitarbeit bei Ihnen erfahren, darf ich Ihnen zunächst meinen Flyer geben und mich in der nächsten Woche telefonisch melden?«

WICHTIGER HINWEIS:

Auch wenn Sie Ihren Flyer vielfach versenden, vergessen Sie nicht, das Kurzanschreiben persönlich auf den Empfänger zuzuschneiden!

In der Kürze … liegt viel Vorarbeit: Kurze Texte, die das Wesentliche auf den Punkt bringen und gleichzeitig optisch ansprechend gestaltet sind, sind in der Regel schwieriger zu verfassen als lange. Planen Sie also entsprechend Zeit für die Umsetzung ein!

Format und Papier

Die meisten Bewerbungsflyer werden im Format der beiden Beispiele erstellt: DIN A4, quer, drei Spalten, beidseitig bedruckt. Doch gerade bei einem Flyer haben Sie die Möglichkeit, Ihren Ideen freien Lauf zu lassen. Vielleicht wollen Sie das Blatt anders knicken oder nur zwei Drittel eines DIN-A4-Blattes verwenden? Wählen Sie die passende Papierqualität: nicht zu dünn, sodass die Texte der anderen Seite nicht durchschimmern, aber dünn genug, dass es sich sauber falten lässt.

Gestaltung

Arbeiten Sie bei der optischen Gestaltung Ihres Flyers mit Bildern, grafischen Darstellungen *und* Worten. Gut platzierte und z.B. fett, farbig oder etwas größer geschriebene Formulierungen erzeugen Aufmerksamkeit und helfen dem Leser, den Inhalt des Flyers gedanklich zu strukturieren. Ihr Foto scannen Sie ein; ein eingeklebtes »echtes« Foto im Flyer wäre eher ungewöhnlich (geht aber auch!). Falls Sie Bilder einfügen, sollten diese in einem sinnvollen Zusammenhang zum Thema der Bewerbung stehen.

Übersicht: Tipps für Bewerbungsflyer

- Der Flyer soll den Leser handlich, kurz und ansprechend informieren.
- Text und Bild/er entscheiden über die Qualität und den Erfolg eines Flyers.
- Optimale Gelegenheiten für Flyer: Initiativbewerbungen und Messebesuche.
- Wenn Sie viele Stunden mit der Erstellung des Flyers verbringen: denken Sie an die Aufmerksamkeit, die er Ihnen verschafft!

Neue Wege – neue Formen – neuer Job

Ob schriftlich, elektronisch oder kombiniert mit einem persönlichen Auftritt am Telefon oder bei der direkten Übergabe, ob eher konservativ oder unkonventionell, aufgepeppt durch ästhetische Tricks und Kniffe oder mit zusätzlichem Infomaterial versehen: ungewöhnliche Bewerbungsformen sind im Trend. Wer sich wie wir mit der Herausforderung der positiv auffallenden Bewerbung* beschäftigt, kommt zu der Erkenntnis: Es gibt drei Arten von ungewöhnlichen Bewerbungsformen:

Ihre Bewerbungsunterlagen:

1. ... sind der Form nach konservativ, inhaltlich aber unkonventionell
2. ... sind in der Form unkonventionell, dafür inhaltlich eher konservativ
3. ... sind in Form und Aussage mehr oder weniger unkonventionell

Um Bewerbungsunterlagen zu erstellen, die sich positiv vom Durchschnitt abheben, stehen die folgenden drei Werkzeuge mit ihren spezifischen Umsetzungsmethoden zur Verfügung:

* Falls Sie weitere Informationen rund um dieses Thema wünschen: Unser neues Buch *Neue Wege der Bewerbung* handelt von **neuen Wegen** und **Formen** bei Bewerbungsvorhaben; eine Kombination aus außergewöhnlichen Bemühungen, was die äußere, inhaltlich aber auch mediale Form betrifft.

Ästhetische Tricks und Kniffe

- besondere optische/haptische Ansprache (Papier, Farbe, Wasserzeichnungen, Aufnahme von Logos etc.)
- andere Formate (quadratisch, rechteckig, quer, abweichend vom A4-Format)
- außergewöhnliche inhaltliche Formen: z.B.: Interview, Artikel, Speisekarte, Rezept etc.

Überraschung durch Add-on-Strategie (zusätzliches Infomaterial)

- mit besonderer Eröffnung, Anlagenübersicht, Dritter Seite, Empfehlungsschreiben, Handgeschriebenem oder Rückantwortkarte

Spezieller Medieneinsatz

- E-Mail oder Fax, Profilcard oder Flyer, Minizettel am Baum oder Großplakat
- am Telefon oder gezielt im geschäftlichen wie privaten Umfeld

Wie erfolgreich eine auffällige Bewerbung ist, hängt im Wesentlichen von vier Faktoren ab. In jedem Fall gilt: zum richtigen Zeitpunkt von der richtigen Person gelesen, kann sie ein Bombenerfolg sein, anderenfalls für Unverständnis, Ungeduld oder sogar für Verärgerung sorgen.

Damit Ihnen das nicht passiert, kommt es an ...

- auf einen geglückten, kreativen Einfall, eine außergewöhnliche Idee, die beim Empfänger etwas zum Schwingen bringt
- auf ein hohes Maß an Authentizität seitens des Absenders (also Ihrerseits!), die sich in Form und Inhalt seiner Bewerbung widerspiegelt (Branche und angestrebte Position beachten!)
- auf sorgfältige Recherche und damit verbundene Zielgerichtetheit
- auf viel Gespür

Sie brauchen eine Vision, wie und was Sie wem vermitteln wollen, und das richtige Gespür, um nicht übers Ziel hinauszuschießen. Auffallen um des Auffallens willen ist nicht der richtige Weg, denn Personaler sind bereits »allergisiert«. Niemals darf die Bewerbung anmaßend, beleidigend oder zeitraubend (Beispiel 50-MB-Bewerbung) sein. Um böse Überraschungen zu vermeiden, ist eine objektive Begutachtung durch Freunde empfehlenswert. Diese können Ihnen sagen, ob der Witz an der Bewerbung verständlich ist, ob wichtige Informationen fehlen oder ob grundsätzlich Zweifel am Erfolg einer solchen Bewerbung bestehen.

Beispiele – Bewerbungsmappen, die überzeugen

Die Beispiele für Bewerbungsunterlagen auf den nächsten Seiten sollen praktisch verdeutlichen, was wir Ihnen in diesem Buch bisher theoretisch an neuen Trends für die optimale Gestaltung Ihrer Bewerbungsunterlagen präsentiert haben.

Der Gesamteindruck einer Bewerbungsmappe kann auf schlichten Buchseiten nur andeutungsweise wiedergegeben werden. Bindesystem, Deckel, Rücken, Papiersorte und -farbe sowie die Zeugnisunterlagen fehlen. Vorder- und Rückseite sind im Buch lediglich aus Platzgründen belegt, in der Realität wird die Rückseite immer frei bleiben (Ausnahmen bestätigen die Regel).

Nicht alle Beispiele sind komplett (d.h. mit Anlagenübersicht; generell fehlen die typischen Anlagen wie Arbeits-, Fortbildungs- und Ausbildungszeugnisse etc.).

Die Tatsache, dass Sie die Anzeigen nicht kennen, auf die diese Bewerbungen erfolgten, ist für unsere didaktischen Zwecke nicht relevant.

In der Realität haben die hellgrau unterlegten Textseiten DIN-A4-Format. Für das Buch haben wir sie in proportionalem Maßstab verkleinert. Die durch das kleinere Format erschwerte Lesbarkeit wird durch den Vorteil des maßstabgerechten Eindrucks der Gesamtgestaltung ausgeglichen.

Auch wenn die Beispiele weitgehend für sich sprechen, fügen wir am Ende einen Kommentar für jede Bewerbungsmappe an, um besonders gelungene Passagen zu würdigen und auf Fehler bzw. Verbesserungsmöglichkeiten hinzuweisen.

Die gezeigten Beispiele wurden in ganz ähnlicher Form erfolgreich von Bewerbern in der realen Praxis eingesetzt. Gleichwohl haben wir Personen, Daten, Orte, Arbeitsplatzanbieter, Ausbildungsgänge, Berufstätigkeiten, Zeiten etc. chiffriert. Entstehende Ähnlichkeiten mit realen Personen sind rein zufällig. Sollten Sie detektivisch auf gewisse »Ungereimtheiten« stoßen, bitten wir um Verständnis. Diese erklären sich aus den eben aufgeführten Verschlüsselungsgründen.

Im Wesentlichen geht es uns darum, Ihnen zu zeigen, welch breite Palette an Darstellungsmöglichkeiten Sie bei der Gestaltung Ihrer Bewerbungsmappe haben.

Warnen möchten wir Sie davor, die verwendeten Formulierungen abzuschreiben und das vorgeschlagene Layout exakt so zu übernehmen. Sie sollten sich der zeitaufwendigeren Aufgabe stellen, eine eigene (Werbe-) Botschaft zu formulieren und dabei Ihren ganz persönlichen Stil zu entwickeln.

Die für die Entwicklung einer solchen Bewerbungsmappe durchschnittlich benötigte Zeit liegt bei etwa 15 bis 30 Stunden. In unserem Büro für Berufsstrategie in Berlin haben wir die Bewerber in der Entwicklung und Realisation von kompletten Bewerbungsunterlagen etwa drei bis vier Stunden beraten. Meistens waren drei größere Korrekturgänge notwendig.*

* Buchtipps: Hesse/Schrader: *Die perfekte Bewerbungsmappe*. Frankfurt 2006. Wir haben auch Spezialbücher für Ausbildungsplatzsuchende, Hochschulabsolventen, Führungskräfte und Menschen mit »nicht perfekten Lebensläufen« veröffentlicht. Fragen Sie in Ihrer Buchhandlung.

andrea grün stresemannstr. 27 10963 berlin tel. 030 / 281 22 22
e-mail agruen@gmx.de

Andrea Grün Stresemannstr. 27 10963 Berlin

Herrn
Dr. Bruno Mayer
Mayer Marketing GmbH
Berliner Platz 3-7
34119 Kassel

Berlin, 1. Januar 2008

Bewerbungsunterlagen

Sehr geehrter Herr Dr. Mayer,

auf Empfehlung von Herrn Heinrich wende ich mich direkt an Sie und überreiche Ihnen meine Bewerbungsunterlagen.

Aus persönlichen Gründen strebe ich eine Tätigkeit im Raum Kassel an.

Meine Arbeits- und Fähigkeitsschwerpunkte liegen auf den Gebieten EDV, Marketing und Organisation.

Über die Gelegenheit zu einem persönlichen Gespräch würde ich mich sehr freuen.

Mit freundlichen Grüßen aus Berlin

Andrea Grün

Anlagen

Andrea Grün, EDV-Fachfrau, Bewerbungsunterlagen

Bewerbungsunterlagen

für Herrn Dr. Bruno Mayer
Mayer Marketing GmbH

von Andrea Grün, EDV-Fachfrau
Stresemannstraße 27, 10963 Berlin
Tel (030) 281 22 22
E-Mail agruen@gmx.de

geboren am 16. Oktober 1970
in Zürich

schweizerische Staatsangehörigkeit

ledig, ortsunabhängig

Andrea Grün, 37 Jahre alt

Ich biete Ihnen...

Problemlösungen in den Bereichen
EDV, Marketing und Organisation.
Mein Arbeitsstil ist geprägt durch
- schnelles Auffassungsvermögen
- einen geübten Blick für das Wesentliche
- ein hohes Maß an Selbstständigkeit, Disziplin und Eigenverantwortung
- die Fähigkeit, schnell innovative Lösungen zu finden

Beruflicher Hintergrund

seit Feb. 2007	Telefonseelsorge Berlin e.V. Spendenmarketing, Öffentlichkeitsarbeit und Organisation bei der Vorbereitung der Jubiläumsfeierlichkeiten; Aufrüstung der EDV-Anlage, Systemoptimierung und Schulung der Mitarbeiter
2005 - 2006	Fortbildung bei der Deutschen Kaufmännischen Akademie Schwerpunkte Marketing und EDV
2002 - 2004	Berufsbegleitende EDV-Weiterbildung an der FU Berlin
2002 - 2004	Sachbearbeiterin mit EDV-Systembetreuung beim Sanitätshaus Schlau. Einführung und Optimierung der EDV
2000	Umsiedlung nach Berlin Mitarbeit in der Abteilung Reha beim Sanitätshaus Schlau
2000	Mitarbeit bei der Verlagsdruckerei Projekt 88 in Zürich Organisation, EDV, Grafik, Satz und Fotografie Leiterin der Bildredaktion bei der Zeitung "Nachricht" in Zürich
1997 - 1999	Geschäftsführerin einer Aral-Tankstelle in Zürich mit Personalverantwortung
1993 - 1997	Sachbearbeiterin bei einer Aral-Raststätte in Zürich

Schulbildung

1989 - 1991	Zugangsprüfung zur technischen Fachhochschule Abschluss (Abitur) als Industriekauffrau
1986 - 1989	Berufsbildende Fachoberschule, Ausbildung zur technischen Zeichnerin
1976 - 1986	Grund- und Hauptschule in Zürich

Weiterbildung

2006	Deutsche Kaufmännische Akademie Berlin: "Kaufmännische Fachkraft mit Schwerpunkt Marketing, EDV, allgemeine Betriebswirschaftslehre mit Finanzbuchhaltung" Abschlussnote 1,4
2004	Weiterbildung an der Freien Universität Berlin "EDV-Anwendung in der kaufmännischen Sachbearbeitung" Abschlussprüfung bei der IHK Berlin: Abschlussnote 1,25

Besondere Kenntnisse

EDV	vertiefte Kenntnis des Betriebssystems Windows Vista LAN- und DFÜ-Netzwerk unter Windows Vista umfassende Kenntnis des Betriebssystems Windows XP sehr gute Kenntnis der Umgebung Windows alle gängigen Anwendungsprogramme: Winword, Excel, Access vertiefte Erfahrungen im Einsatz von CorelDraw bei der Herstellung von grafischen Erzeugnissen Adobe Photoshop, InDesign Programmierumgebung Borland Turbo Pascal
Fotografie	berufliche Erfahrungen bei der Zeitung und im Verlagswesen, Reportage und Illustration mehrere Ausstellungen von digital verfremdeten Bildern
Sprachen	Englisch, Italienisch, Spanisch
Hobbys	Computer-Grafik, Verfremdung von Bildern, Fraktalgrafik, Multimedia, Fotografieren und Bergwanderungen in den Alpen
Beruflich ...	**bin ich flexibel und offen für ...** *- projektbezogene oder globale Aufgaben* *- Voll- oder Teilzeit-Beschäftigung* *- freie oder feste Mitarbeit.*

Berlin, 1. Januar 2008 Andrea Grün

Bewerbung für die Mayer Marketing GmbH, Kassel

Verzeichnis der Zeugnisse

Arbeitszeugnis der Telefonseelsorge Berlin e.V.
Zeugnis der Deutschen Kaufmännischen Akademie
Prüfungszeugnis der IHK zu Berlin
Arbeitszeugnis der Firma Schlau
Arbeitszeugnis Verlagsdruckerei Projekt 88, Zürich
Abiturzeugnis

Andrea Grün, EDV-Fachfrau, Bewerbungsunterlagen

Ausgeklügeltes Marketing in eigener Sache – Andrea G.

Hier handelt es sich um eine Initiativbewerbung, die sich im Anschreiben auf eine persönliche Empfehlung bezieht, die Bewerbungsmotive benennt und kurz und knapp auf den Punkt bringt, was die Kandidatin anzubieten hat – ein gelungenes Beispiel für einen prägnanten Auftakt. Die außergewöhnliche Briefkopfgestaltung (Kleinschreibung) fällt durchaus positiv auf, ist aber sicherlich Geschmackssache. Insgesamt eine gute Demonstration, dass sich das Anschreiben auf wenige Zeilen beschränken kann, wenn man weiß, was man vermitteln will, und wenn die folgenden Unterlagen entsprechend aufbereitet sind.

Das Deckblatt bietet bereits Informationen, die traditionell der Lebenslauf beinhaltet. Auch auf dieser Seite wäre ein Foto denkbar.

Die nun folgenden zwei Seiten – ohne die Titelung »Lebenslauf« – sind in der Dramaturgie äußerst interessant gestaltet und vermitteln wichtige Informationen auf höchst angenehme Weise. Besser kann man einen Überblick über den eigenen Werdegang, kombiniert mit wichtigen »Werbebotschaften« und konkreten Arbeitsangeboten, kaum gestalten. Übrigens sollten Sie stets mit blauer Tinte unterschreiben, was aus drucktechnischen Gründen hier nicht dargestellt werden kann.

Das Foto vermittelt, obwohl eher klassisch, den Eindruck, dass die Kandidatin den Leser direkt anspricht. Das schafft Sympathie und Interesse. Auch die Fußzeile macht sich sehr gut.

Einschätzung

Ein sehr gelungenes Beispiel in Form eines überzeugenden Beweises für Eigeninitiative. Eine außergewöhnlich interessante Präsentationsform der eigenen »Werbebotschaft«.

Manfred H. Manther
Staatl. geprüfter Hotelbetriebswirt

Kurfürstenstr. 6
54295 Trier
Tel. (07 82) 6 92 28 92

Herrn
Direktor Schmidt
Hotel Schweizerhof
Hardenbergplatz 1
10623 Berlin

Trier, 13.10.2007

Bewerbung für die Position des Verkaufs- und Marketingleiters im Hotel Schweizerhof in Berlin

Sehr geehrter Herr Schmidt,

vielen Dank für das informative Telefonat am heutigen Nachmittag.
Wie besprochen hier meine vollständigen Bewerbungsunterlagen.

Ich bin Betriebswirt für das Hotel- und Gaststättenwesen
(Studium in Dortmund an der Wirtschaftsfachschule),
42 Jahre alt, ursprünglich gelernter Koch
und zurzeit in einem Hotel mit 335 Betten in Trier
als Verkaufsleiter in ungekündigter Stellung tätig.

Aus persönlichen Gründen möchte ich mein Wirkungsfeld nach Berlin verlagern
und bin sehr interessiert, Ihr Haus und das für mich sehr reizvolle Aufgabengebiet
Verkauf und Marketing im Hotel Schweizerhof kennen zu lernen.

Auf eine persönliche Begegnung mit Ihnen freue ich mich

und grüße Sie herzlich aus Trier

Anlage

Manfred H. Manther
Staatl. geprüfter Hotelbetriebswirt

Kurfürstenstr. 6
54295 Trier
Tel. (07 82) 6 92 28 92

Bewerbungsunterlagen

als Verkaufs- und Marketingleiter
Hotel Schweizerhof, Berlin

Lebenslauf

Zur Person:	Manfred H. Manther staatlich geprüfter Betriebswirt für das Hotel- und Gaststättenwesen geboren am 11.09.1964 in Stuttgart verheiratet, zwei Kinder, 8 und 10 Jahre alt
Angestrebte Position:	Direktor Verkauf und Marketing
Ausgangssituation:	seit 01.2003 Verkaufsleiter in ungekündigter Position Kongresshotel Königshof Trier, ein 335-Betten-Haus Personalverantwortung: 10 Mitarbeiter Etatverantwortung: 850 TEUR

Beruflicher Werdegang

07/98–12/02	**Verkaufsleiter / stellv. Geschäftsführer** ABC-Hotel GmbH, Berlin-Tiergarten
07/95–06/98	**Direktionsassistent** Astro Hotel, Wiesbaden
04/92–08/93	**Stellvertretender Küchenchef (Sous-Chef)** Hotel-Restaurant Poch, Bellingen
07/91–03/92	**Chef-Entremetier / Chef de Rotisseur** Hotel-Restaurant Poch, Bellingen
01/89–08/90	**Kfm. Angestellter Verkauf (Gastronomie), Abteilung Food** REWE-Süd-Großhandel, Spellbach
04/87–12/88	**Chef-Entremetier** Hotel-Restaurant Rössle, Waldenburg bei Stuttgart
04/86–03/87	**Demi-Chef Entremetier** Hotel Hirsch, Fellbach/Schwarzwald
01/85–03/86	**Grundwehrdienst als Feldkoch / Sanitätssoldat** 1. Sanitätsbatallion 10, Wesslingen/Neckar
07/81–07/84	**Ausbildung zum Koch** Höhenhotel Berghaus, Lindach/Neckar

Seminare und Praktika

09/00	– Controlling – Produkt-Marketing und -Werbung – strategische Unternehmensführung Seminare bei der Unternehmensberatung Bednarz-Hell, Berlin
03/98	**Public Relations im Hotel- und Gaststättengewerbe** Karla Dicks, Chefredakteurin NGZ, Service Manager
01/95	Prüfung zum **»Anerkannten Fachberater für Deutschen Wein«** Deutsches Weinbauinstitut, Mainz
01–06/95	**Reservierungs- und Verkaufsabteilung** Praktikum Hotel v. Korff, Berlin-Charlottenburg
07–10/94	**Reservierungs- und Empfangsabteilung** Praktikum im Astro Hotel, Wiesbaden

---

Schulische und berufliche Ausbildung

08/72–06/81	Grund- und Hauptschule in Willingen
07/81–07/84	Ausbildung zum Koch im Höhenhotel Berghaus, Lindach/Neckar
09/90–06/91	Weiterbildung: Berufsoberschule Heilbronn (Fachschulreife)

Fachschulstudium

09/93–06/95	Wirtschaftsfachschule für Hotellerie und Gastronomie, Berlin
25.06.1995	Abschlussprüfung zum staatlich geprüften Betriebswirt für das Hotel- und Gaststättenwesen mit bestandener Ausbildereignungsprüfung Studienfächer: – Betriebswirtschaftslehre – Betriebliches Rechnungswesen – Touristik- und Hotel-Marketing – Angewandte Datenverarbeitung (EDV) – Technologie des Hotel- u. Gaststättengewerbes – Praxisorientierte Fallstudien – Rechts- und Steuerlehre – Englisch / Französisch – Berufs- und Arbeitspädagogik (AEVO)

Sprachkenntnisse	Englisch in Wort und Schrift (fließend) Französisch (gute Kenntnisse)
EDV-Kenntnisse	Reservierungssystem »Fidelio-Micro«, »HORES«, »RIO 80862« Windows XP/Vista, MS-Office Professional
Engagement	Voll-Mitglied in der Hotel Sales and Marketing Association (HSMA), German-Chapter, Region 1
Sonstiges	Führerschein Kl. B
Hobbys	mein Beruf, hier insbesondere Marketing und Werbung Blues und Jazz-Musik (ich spiele Schlagzeug) Reisen / Fotografieren / mit Holz arbeiten
Was Sie sonst noch über mich wissen sollten	Meine Handlungsweise ist geprägt vom Umgang mit Menschen sowie dem Streben nach optimaler Dienstleistung und größtmöglicher Zufriedenheit der mir anvertrauten Gäste. Mein Denken wird dabei selbstverständlich auch von betriebswirtschaftlichen Zahlen bestimmt. Ökonomische Zusammenhänge schnell zu erfassen und analytisch auszuwerten, um auf dieser Basis nach neuen, effektiveren Lösungen zu suchen, ist Grundlage meiner unternehmerischen Aktivitäten.

Berlin, 13.10.2007

Manfred H. Manthei

Anlagen / Inhaltliche Gliederung

Arbeitszeugnisse / Referenzen

– Kongresshotel Königshof, Trier
– ABC-Hotel GmbH, Berlin
– Astro Hotel, Wiesbaden
– Hotel-Restaurant Poch, Bellingen
– REWE-Süd-Großhandel, Spellbach
– Hotel-Restaurant Rössle, Waldenburg
– Hotel Hirsch, Fellbach
– Dienstzeugnis Bundeswehr
– Höhenhotel Berghaus, Lindach

Seminare / Praktika

– Grundkurs MS-Excel
– Grundkurs MS-Windows
– Produkt-Marketing und -Werbung
– Controlling
– strategische Unternehmensführung
– anerkannter Berater für Deutschen Wein
– Praktikums-Zeugnis Astro Hotel
– Praktikums-Zeugnis Hotel v. Korff

Schulzeugnisse

– Hotelwirtschaftsschule, Berlin
– Ausbildereignungsprüfung, IHK Berlin
– Berufsoberschule, Heilbronn
– Fachgehilfenbrief zum Koch

Mit Charme und Ästhetik – Manfred M.

Ein sehr angenehm kurzes Anschreiben bringt die Botschaft schnell und souverän auf den Punkt. Hier wurde zunächst telefoniert, die Unterlagen vorher angekündigt. Übrigens: eine interessante Grußformel.

Die gewählte Form für das Deckblatt ist Ihnen als Leser bereits bekannt. Das quadratische Foto des Bewerbers ist recht klassisch. Vielleicht sollte der Kandidat etwas mehr lächeln!

Die nächste Seite mit der Überschrift »Lebenslauf« hat zunächst einen klassischen Aufbau (Angaben zur Person, berufliche Ausbildung). Das Ganze wurde geschickt gestaltet und liest sich gut.

Geschickt ist auch die Reihenfolge bei der Präsentation der Informationen: Erst wird der berufliche Werdegang dargestellt, dann Seminare und Praktika und abschließend schulische und berufliche Ausbildung. So werden die aktuellen Qualifikationen des Bewerbers zuerst präsentiert, die Chronologie beginnt in der unmittelbaren Gegenwart. Einziger Kritikpunkt: vielleicht etwas weniger Hobbys aufzählen!

Die Inhaltsübersicht zu den weiteren Anlagen macht aufgrund ihrer klaren Gliederung einen überzeugenden Eindruck.

Enschätzung

Die gesamte Bewerbungsmappe verdient sicherlich die Note 2+.

Hans Habermas

Diplom-Betriebswirt

Manpower Personaldienstleistungen
Personaldirektion
Dr. Franke
Wiesbadener Str. 40
51065 Köln

München, 31. Dezember 2007

Bewerbung als Niederlassungsleiter
Ihre Anzeige im Kölner Tageblatt vom 28.12.2007

Sehr geehrter Herr Dr. Franke,

nach dem freundlich-informativen Telefonat mit Herrn Müller-Berger erhalten Sie hier meine Bewerbungsunterlagen. Im Folgenden eine kurze Darstellung meiner Person:

- Diplom-Betriebswirt, Kommunikationstechniker, 40 Jahre alt
- über 10 Jahre IBN-Berufserfahrung, Gebietsleiter (Teamleiter)
- hoch motiviert, leistungsstark und zielorientiert
- Erfahrung in Personaldienstleistungen

Meine Gehaltsvorstellung liegt im Bereich 70 TEUR p.a. Ein optimaler Eintrittstermin wäre für mich der 1. April 2008.

Über eine Einladung zu einem persönlichen Gespräch freue ich mich.

Mit freundlichen Grüßen und allen guten Wünschen für das neue Jahr

Hans Habermas

Anlagen

Mohrstraße 73 • 80939 München

0 89 / 8 81 49 03 • habermas@t-online.de

Bewerbungsunterlagen
Kennziffer 229

Manpower Personaldienstleistungen

Hans Habermas

Diplom-Betriebswirt

Hans Habermas

Diplom-Betriebswirt

Hans Habermas

Mohrstr. 73
80939 München

Tel.: 0 89 / 8 81 49 03
E-Mail: habermas@t-online.de
geboren am 13. August 1964 in Berlin
ledig, keine Kinder

Resümee
berufliche und persönliche Kenntnisse, Erfahrungen und Fähigkeiten

IBN
Vom Trainee bis zum Gebietsleiter (Umsatz EUR 12 Mio.) habe ich mir, aufbauend auf dem Betriebswirt-Studium, wichtige Kenntnisse und Fertigkeiten in der freien Wirtschaft angeeignet.

USA
Auslandserfahrung, mit Abschluss eines „High School Diploma", hat meinen Horizont wesentlich erweitert.

ZIEL
Zu meinen wichtigen persönlichen Eigenschaften gehört die Fähigkeit, mir Ziele zu setzen, um diese dann gemeinsam mit meinen Partnern zu erreichen.

Mohrstraße 73

80939 München

Hans Habermas

Diplom-Betriebswirt

Lebenslauf

Berufspraxis

Juli 2000 Dez. 2007	IBN Communication Deutschland, München Gebietsleiter für die NBL Vertriebsbeauftragter • Gebietsleiter (Teamleiter für eine 4er-Gruppe) Umsatzverantwortung von EUR 12 Mio. p.a. Betreuung der autorisierten Händler • Portefeuille-Analysen und Erarbeitung von Marketingstrategien Vertriebsbeauftragter für Multimedia • Projektleiter für Industriemessen • Projektleitung für die Neuentwicklung von CD-ROMs auf dem Telefonmarketingsektor
März 1997 Juni 2000	IBN Communication Deutschland, Frankfurt a.M. Bereich Feinmarketing • Leitung eines Projektes für den Europäischen Markt im Bereich der Bankautomation • Planung der Logistik und Materialbestellung
Okt. 1992 Dez. 1994	Job-Zeitarbeit GmbH, Hamburg Bereichsstellenleiter

Mohrstraße 73

80939 München

Hans Habermas

Diplom-Betriebswirt

Studium und Berufsausbildung

Sept. 1995 Febr. 1997	Schule für Kommunikation und EDV, Nixdorf A.G. Abschluss: Kommunikationstechniker
Jan. 1995 Aug. 1995	Auslandsaufenthalt in Canberra, Australien Sprachintensivkurs
Okt. 1989 Sept. 1992	Fachhochschule für Wirtschaft, Hamburg Abschluss: Diplom-Betriebswirt

Schulausbildung

Aug. 1986 Dez. 1987	Oberstufenzentrum für Wirtschaft, Hamburg Abschluss: Abitur
Aug. 1985 Juli 1986	Austauschschüler in den USA High School in Baltimore/USA Abschluss: High School Diploma
Sept. 1974 Aug. 1978	Carl-von-Ossietzky-Grundschule, Hamburg Heinrich-Heine-Gymnasium, Hamburg

Weitere Tätigkeiten

von 1985 bis Dez. 1990	zur Finanzierung des Studiums Tätigkeiten im Gastronomiebereich sowie Wissenschaftlicher Mitarbeiter bei Steuerberater Wilske, Hamburg

Engagement und Hobbys

Leitung einer Jungengruppe im Paritätischen Wohlfahrtsverband München (Ausbildung zum Jugendleiter)

Golf und Tauchen
Mitglied im Golfclub Hohenkremmen

München, 31.12.2007 Hans Habermas

Mohrstraße 73

80939 München

Hans Habermas

Diplom-Betriebswirt

Wie ich wurde, was ich bin

Meine privaten und beruflichen Aufenthalte in angloamerikanischen Ländern wie den USA und Australien prägten nachhaltig meinen Wunsch, in einem amerikanisch geführten Unternehmen zu arbeiten.

In über zehn Jahren vielseitiger IBN-Erfahrung, zunächst als Trainee und später als Gebietsleiter im Vertrieb, konnte ich mir einen sehr guten Überblick über das Zusammenspiel der verschiedenen Bereiche in einem Unternehmen erarbeiten. Mit Kundenkontakten auf jeder Ebene, Verkauf und Logistik bin ich bestens vertraut. Umsatz- und Marketingziele sind für mich persönliche Herausforderungen, denen ich mich gern und mit hohem Engagement stelle.

Teamgeist, Durchsetzungsvermögen und Lernbereitschaft kennzeichnen mich ebenso wie meine Fähigkeit, guten Kontakt zu Mitmenschen aufzubauen, um gemeinsam mit ihnen etwas zu bewegen, zu erreichen.

Hans Habermas

Mohrstraße 73

80939 München

Hans Habermas

Diplom-Betriebswirt

Anlagen

- Zeugnis IBN Communication Deutschland, München
- Zwischenzeugnis IBN Communication Deutschland, Frankfurt a. M.
- Kurzbeschreibung der Firma Job-Zeitarbeit GmbH
- Zeugnis Nixdorf A.G., Schule für Kommunikation und EDV
- Urkunde Diplom-Betriebswirt
- Sprachschul-Zertifikat, Canberra, Australien
- Diplom Baltimore High School, USA

Mohrstraße 73

80939 München

Absolut zielorientiert und selbstbewusst: Hans H.

Ein prägnantes, sehr übersichtliches Anschreiben eröffnet den Reigen. Hier wurde zunächst telefoniert, wenn auch nicht direkt mit dem personalverantwortlichen Ansprechpartner. Dessen Name wurde aber ermittelt und in der Anschrift sowie der Anrede eingebracht. Nach einem kurzen Bezug auf das Vorgespräch kommt der Kandidat schnell auf den Punkt. Er liefert eine gelungene Kurzpräsentation mit vier wichtigen Botschaften: beruflicher Ausbildungshintergrund, Alter, Berufserfahrung, persönliche Eigenschaften und spezielle berufliche Kenntnisse.

Die vorgetragenen Daten zur Gehaltsvorstellung und zum frühesten Eintrittstermin waren in der Anzeige explizit erbeten. Der Kandidat sah keine Chance, sich hier weiter bedeckt zu halten. Die Neujahrswünsche sind aufgrund des Datums angemessen.

Das Deckblatt ist klar und übersichtlich und bietet evtl. bereits Platz für das Foto. Die präsentierten Angaben sind für Empfänger wie Absender gut gewählt (z.B. Verzicht auf die Anschrift des Empfängers, Weglassen der Telefonnummer des sich bewerbenden Absenders).

Die sich anschließende erste Seite mit Foto, persönlichen Daten und Resümee überrascht in ihrer klaren, informativen und präzisen Gestaltung. Die gewählte Überschrift (Resümee) mit Erklärungszeile sowie die drei folgenden Kurztitel der Infoblöcke verführen zum Lesen und sind inhaltlich spannend dargestellt. Grafisch exzellent gestaltet, lässt sich das Wesentliche schnell erfassen, man wird neugierig auf die folgenden Seiten. Schon jetzt sind die Weichen für den Kandidaten positiv gestellt.

Beim Lebenslauf wird mit der Berufspraxis und den neuesten Daten begonnen. Auch hier wieder alle guten Eigenschaften, die wir auf den vorangegangenen Seiten positiv gewürdigt haben (interessante, präzise Informationen, sehr ästhetisch und damit leicht lesbar präsentiert, also keine Bleiwüste, keine Angst vor dem weißen Papier). Die nächste Seite informiert über Studium, Berufs- und Schulausbildung und endet mit Informationen zu Engagement und Hobbys.

Die von uns sogenannte Dritte Seite hat eine recht provokant gewählte Überschrift, die aber durch den folgenden Inhalt gerechtfertigt erscheint. Die Gliederung und die relativ kurzen Absätze machen den

Text nicht nur gut lesbar, sondern tragen mit dazu bei, die Botschaft glaubwürdig zu vermitteln. Die hier vermittelten Aussagen runden den guten Eindruck ab und führten in der Bewerbungsrealität zu einer wahren Flut von Einladungen – mit der Konsequenz, dass sich der Kandidat unter mehreren attraktiven Arbeitsplatzangeboten das interessanteste aussuchen konnte.

An dieser Stelle, liebe Leserin, lieber Leser: Haben Sie bemerkt, dass sich unser Kandidat aus der Arbeitslosigkeit heraus beworben hat? Zu guter Letzt: Das hier vorgelegte Anlagenverzeichnis ist »kundenfreundlich«.

Im nun folgenden Bewerbungsunterlagenbeispiel hat sich die Kandidatin per E-Mail und mit einer angehängten Datei, die ihren *Lebenslauf* (besser: beruflichen Werdegang) enthält, beworben. Auch wenn Sie nicht vorhaben, die neuen Medien einzusetzen, können Sie sich durch dieses Beispiel anregen lassen.

Sehr geehrter Herr Steinbrück,

nach unserem anregenden Telefonat wende ich mich,
wie vereinbart, auf elektronischem Weg an Sie.
Ihre Stellenausschreibung hat sofort mein besonderes Interesse gefunden, da die Stelle als Sekretärin eine attraktive Herausforderung für mich darstellt.

Zu meiner Person:

- Bürokauffrau, erfahren in allen Büroarbeiten
- Kenntnisse der gängigen PC-Anwendungen (MS-Office, Excel, PowerPoint)
- sehr gute Kenntnisse im Business-Englisch
- stresserprobt und flexibel

Auch in meiner Freizeit übernehme ich gern Verantwortung:
Ich engagiere mich als Schatzmeisterin eines Vereins
und in der Organisation eines privaten Kindergartens.

Meinen Lebenslauf mit dem eingescannten Foto füge ich Ihnen als Datei an. Gern lasse ich Ihnen Zeugnisse zukommen oder bringe sie zu einem persönlichen Gespräch mit, auf das ich mich freue.

Mit freundlichen Grüßen

Ute Meyerbeck

Hauptstr. 3
24251 Osdorf
Tel.: (04346) 3561

Anlage
Datei »Lebenslauf Ute Meyerbeck.doc« einschließlich einer Seite mit Angaben zu meiner Motivation (in der Version MS Word 2007 – auf Wunsch auch gern in einer älteren Word-Version!)

Persönliche Daten im Überblick:

Ute Meyerbeck
Hauptstr. 3, 24251 Osdorf, Tel.: (04346) 3561
Geboren am 11.4.1972 in Kiel
Verheiratet, zwei Kinder

Berufspraxis
Juli 1990 – März 1993:
Sievers-Druck GmbH, Kiel
englische und deutsche Korrespondenz

April 1993 – Juni 2001:
Hausverwaltung Meyerboom, Schleswig
Büroorganisation, Betriebskostenabrechnung, Führung der Personalakten

seit Juli 2001:
Hausfrau und Mutter

Berufliche Weiterbildung
Jan. 2003:
»Tabellenkalkulation mit Excel«, IHK Schleswig-Holstein

Okt. 2005:
»Business-English in Wort und Schrift«, 2-jähriger Aufbaukurs der Sprachakademie Hagen, Eckernförde

Jan. 2007:
»Präsentieren mit PowerPoint«, VHS Schleswig

Schul- und Berufsausbildung
1978 – 1987:
Grund- und Hauptschule in Kiel

Sept. 1987 – Juli 1990:
Ausbildung zur Bürokauffrau, Sievers-Druck GmbH, Kiel

Besondere Kenntnisse
Gute Sprachkenntnisse in Englisch

PC-Kenntnisse: MS-Office-Programme, Tabellenkalkulation mit Excel, PowerPoint

Interessen, ehrenamtliche Tätigkeiten
Kassenwartin im Tanzclub »Rot-Weiß«

Mitarbeit im Kinderladen »Knirpse«

Gartengestaltung

Osdorf, 3. März 2007
Ute Meyerbeck

Ute Meyerbeck

Hauptstr. 3
24251 Osdorf
Tel.: (04346) 3561
E-Mail: kamey@aol.com

Zur Person:
Geboren am 11.4.1972 in Kiel
verheiratet, zwei Kinder

Qualifikation:
Bürokauffrau

Angestrebte Tätigkeit:
Sekretärin in der Personalverwaltung

Unterlagen für Herrn Steinberger, Schleswiger Verlagsgesellschaft

Berufspraxis

seit Juli 2001	Familienphase
April 1993 – Juni 2001	Hausverwaltung Meyerboom, Schleswig Büroorganisation, Betriebskostenabrechnung, Führung der Personalakten, Buchhaltung
Dez. 1990 – Juni 1993	Sievers-Druck GmbH, Kiel Mitarbeit in der Einkaufsabteilung, Auftragsabwicklung, selbstständige Bearbeitung der englischen und deutschen Korrespondenz

Berufliche Weiterbildung

Jan. 2007	VHS Schleswig »Präsentieren mit PowerPoint«
Okt. 2005 – Juni 2006	Sprachakademie Hagen, Eckernförde »Business-English in Wort und Schrift«
Jan. 2003	IHK Schleswig-Holstein »Tabellenkalkulation mit Excel«

Schul- und Berufsausbildung

Sept. 1987 – Juli 1990	Sievers-Druck GmbH, Kiel Ausbildung zur Bürokauffrau
1978 – 1987	Grund- und Hauptschule in Kiel

Kenntnisse und Fähigkeiten

Gute Sprachkenntnisse in Englisch

PC-Kenntnisse: MS-Office-Programme, Tabellenkalkulation mit Excel, PowerPoint

Interessen, Engagements

Kassenwartin im Tanzclub »Rot-Weiß«

Organisatorische Betreuung des Kinderladens »Knirpse«

Osdorf, 3. März 2007

Ute Meyerbeck

– Zeugnisse und Zertifikate gern auf Anfrage –

Die neuen Medien im Einsatz – Ute M.

Sie bewirbt sich auf folgende Stellenausschreibung:

Sekretärin

gesucht. Teil- oder Vollzeit, zunächst befristet auf 2 Jahre, eine Verlängerung ist möglich.

Erforderlich sind

- kaufmännische Ausbildung
- Kenntnis der gängigen Computerprogramme
- Sicherheit in Wort und Schrift
- Fähigkeit zum eigenverantwortlichen Arbieten
- Englischkenntnisse
- Organisationstalent
- Teamfähigkeit und hohe Belastbarkeit

Frau Meyerbeck holt über das Internet weitere Informationen ein und findet dabei auch den Ansprechpartner heraus. Als sie ihn anruft, schlägt der Unternehmer der Bewerberin vor, Ihre Unterlagen per E-Mail zu schicken. Frau Meyerbeck vergisst zu fragen, ob auch Dateianhänge erwünscht sind.

Im Anschreiben bezieht sich Frau Meyerbeck ausdrücklich auf das Telefonat und bringt ihr Interesse klar zum Ausdruck. Sie fasst kurz zusammen, was sie auszeichnet, und zwar in der gleichen Reihenfolge wie in der Ausschreibung. Auf den Personalbereich geht sie nicht näher ein, sondern beabsichtigt, ihre Erfahrungen persönlich zu erläutern, wenn es zu einem Gespräch kommt. Der Hinweis auf zwei wichtige Freizeitinteressen reicht aus, um ihre Charakterstärken und Erfahrungen zu belegen. Im letzten Absatz spricht sie ihr geplantes weiteres Vorgehen an. Als Hilfestellung macht sie Angaben über das Dateiformat des angehängten Lebenslaufes und zu weiteren Unterlagen.

Der Lebenslauf ist übersichtlich gegliedert: Innerhalb eines E-Mail-Textes sind keine aufwändigen Formatierungen möglich. Etwas schwer nachvollziehbar könnte sein, dass der Lebenslauf zwar nach Stationen gegliedert ist (wie im »amerikanischen« Lebenslauf), dann aber das aktuelle Datum am Ende kommt. Besser wäre es umgekehrt. Das eingescannte Foto fällt etwas zu klein und unauffällig aus.

Alternativ: Im Vertrauen darauf, dass die meisten PC-Anwender ihre eingehenden E-Mails auf Viren prüfen, hat sich Frau Meyerbeck dazu entschieden, ihren Lebenslauf als Word-Datei anzuhängen, wobei sie inhaltlich nicht viel verändert. So hat sie die Möglichkeit, den Text ansprechend zu formatieren (zu beachten: Der Empfänger sieht an seinem Bildschirm u. U. die chaotisch verteilten Absatzmarken, wenn keine Formatvorlagen verwendet wurden; daraufhin prüfen!). Auf einem separaten Deckblatt bringt sie ihre persönlichen Angaben unter. Sowohl die obere und untere Linie als auch das ungewöhnliche Format des Fotos ziehen Blicke auf sich. Frau Meyerbeck betont ihre Qualifikation und ihr angestrebtes Aufgabengebiet.

Der Lebenslauf enthält auf beiden Seiten die ähnlich wie auf dem Deckblatt formatierte Namenszeile. Frau Meyerbeck hat den Text weit eingerückt und alle Angaben übersichtlich arrangiert. Bei dieser Version folgen die zeitlichen Daten konsequent dem amerikanischen Lebenslauf. Dadurch sind sie besser nachvollziehbar: von der Gegenwart in die Vergangenheit. Die Erziehungspause nennt sie nun selbstbewusst »Familienphase«. Wichtig für die angestrebte Stelle sind die Tätigkeiten in der Personalabteilung, die die Bewerberin im ersten Block herausstellt. Die Aufzählung der Hobbys hat sie jetzt auf das Wesentliche reduziert. Sie verzichtet darauf, eingescannte Unterlagen anzufügen, sondern bietet an, diese bei Interesse gern zur Verfügung zu stellen.

Zum Foto: Ziemlich gewagt, aber ein Hingucker!

Maria Münch
Diplom-Kauffrau und Politologin

Gotthelfstr. 19
12051 Berlin
☎ 030 566782
E-Mail: maria@muench.de

Deutsche Bahn AG
Zentralbereich Personalplanung
Frau Winkelhuber
Rubensstr. 28
63282 Frankfurt am Main

Berlin, 05.01.2008

Meine Bewerbung / Unser Telefonat

Sehr geehrte Frau Winkelhuber,

vielen Dank für das informative Telefongespräch am heutigen Nachmittag.
Wie besprochen, hier meine vollständigen Bewerbungsunterlagen.

Als Diplom-Kauffrau und Politologin mit einschlägigen Studienschwerpunkten erfülle ich fachlich die von Ihnen erwarteten Voraussetzungen:

- Kenntnisse in Aufbau- und Ablauforganisation
- strategische Produktkonzeption und -planung
- Marketingmanagement
- Unternehmenspolitik

Persönlich runde ich das Profil mit folgenden Eigenschaften ab:

- entscheidungsstark und selbstkritisch
- zukunftsorientiert mit Augenmaß für das Machbare
- unternehmerisch im Denken und kundenorientiert im Handeln

Mein Start bei der Deutschen Bahn AG kann kurzfristig erfolgen, meine Gehaltsvorstellungen liegen zwischen 40 und 45 TEUR p.a. Weitere Informationen über mich bitte ich Sie, den folgenden Seiten zu entnehmen.

Es würde mir sehr gefallen, meinen Beitrag für die Unternehmensentwicklung der Deutschen Bahn AG leisten zu dürfen, und ich freue mich auf ein persönliches Gespräch.

Mit besten Grüßen aus Berlin

Maria Münch

Anlagen

Maria Münch
Diplom-Kauffrau und Politologin

Bewerbung

Bewerbungsunterlagen

für die

Deutsche Bahn AG

als

Marketingreferentin

Maria Münch
Diplom-Kauffrau und Politologin

Lebenslauf

Diplom-Kauffrau und Diplom-Politologin

geboren am 11.11.1979 in Kassel
ledig und ortsungebunden

Berufliche Erfahrungen

seit September 2003	Honorartätigkeit bei der Werbeagentur ViP & Partner, Berlin Aufgabengebiete: Betreuung der regionalen Kunden im Projekt ›Regional-Marketing-Konzept für Süd-West-Sachsen‹, Mitarbeit in der Bekanntheits-Kampagne für Radio Ewert, Käuferbefragungen, Aufgaben zur Produktkonzeption, Sponsorenakquise
Juli 1999 – September 2001	Praktikum bei Olympus Deutschland, Bremen Bereiche: Verkauf und Rechnungswesen
August 2003 – Oktober 2003	Praktikum bei der Hoechst AG, Essen Bereiche: Marketing und Incentives
August 2004 – September 2004	Praktikum bei Philipp Reemtsma, Berlin Bereiche: Betriebsorganisation und Marktanalysen

Maria Münch
Diplom-Kauffrau und Politologin

Hochschulstudium

Oktober 1999 – Juli 2005	**Wirtschaftswissenschaften** an der FU Berlin Abschluss: **Diplom-Kauffrau**, Note: gut Diplomarbeit: Herstellung von Konformität durch Interessenhandhabung. Eine produktpolitische Analyse Schwerpunkte: Marktforschung, Marketingmanagement, Einsatz von Marketinginstrumenten
April 2003 – Dezember 2007	**Politologie** an der FU Berlin Abschluss: **Diplom-Politologin**, Note: gut Diplomarbeit: Unternehmensnetzwerke. Eine Analyse der Reibungspunkte durch differierende Unternehmenskultur Schwerpunkte: Industrie- und Organisationssoziologie, neue Managementkonzepte, Wahlforschung, Meinungsmanagement, Kommunikationsmittelerhebung

Zur beruflichen Weiterbildung

Seit 2002	Teilnahme an Fachveranstaltungen und Kursen Kultursponsoring-Kongress in Wien, Deutscher Marketing-Tag, Eschborn, Führungskräfteworkshops mit M. Birkenbiehl, Graphik-Design an der HDK Berlin, Rhetorik am Institut für Präsentation, Berlin

Maria Münch
Diplom-Kauffrau und Politologin

Schulbildung

1985 – 1998	Grund- und Mittelstufe in Melsungen, Wirtschaftsgymnasium in Kassel, Abschluss: **Allgemeine Hochschulreife**, Note: sehr gut

Besondere Kenntnisse

Fremdsprachen	Französisch und Spanisch, jeweils gute Kenntnisse Englisch fließend, Sprachschule in Ainsborough, Kent
EDV	Word, Excel, PowerPoint, CorelDraw, HTML

Mitgliedschaften und Freizeitinteressen

Förderverein bedrohter Tierarten in Deutschland,
Tauchverein für körperbehinderte Schwimmer,
Volleyball in der Mannschaft.
Ich sammle Skulpturen von Auguste Rodin
und Georg Kolbe.

Berlin, den 05.01.2008

Maria Münch
Diplom-Kauffrau und Politologin

Meine Sicht der Dinge

Kontinuierliches Lernen erzeugt
kontinuierliche Verbesserungen.

Mit dem Gegenüber konstruktiv kommunizieren bedeutet
wirklich zuhören, ernst nehmen und sich öffnen.
So können unterschiedliche Sichtweisen und Standpunkte
erfolgreich zusammengeführt werden.

Und nur die kontinuierlichen Verbesserungen
ermöglichen einen stabilen Unternehmenserfolg.

Maria Münch

Berlin, 05.01.2008

Maria Münch
Diplom-Kauffrau und Politologin

Überblick über Zeugnisse und Bescheinigungen

Firmen	Werbeagentur ViP & Partner, Berlin Olympus Deutschland, Bremen Hoechst AG, Essen Philipp Reemtsma, Berlin
Zeugnisse	FU Berlin, Diplom-Kauffrau FU Berlin, Diplom-Politologin Allgemeine Hochschulreife Sprachschule in Ainsborough, Kent
Weiterbildungen	Kultursponsoring, Wien Marketing-Tag, Eschborn Workshops mit M. Birkenbiehl Graphik-Design, HDK Berlin Rhetorik, Institut für Präsentation, Berlin

Zugeklappt:

Sehr geehrte Frau Winkelhuber,

hätten Sie ein paar Minuten Zeit für mich?
Ich möchte mich Ihnen gern vorstellen.

Blättern Sie doch
einfach mal um ...

Einmal aufgeklappt:

Mein Ziel ...

... ist es, bei Ihnen als Marketingreferentin zu arbeiten. Mein Wissen, Engagement und meine Erfahrungen möchte ich sehr gern in den Dienst der Deutschen Bahn AG stellen ...

Berlin, 5. Januar 2008

... und deshalb bewerbe ich mich heute bei Ihnen.

Maria Münch
Diplom-Kauffrau und Politologin

Gotthelfstraße 19
12051 Berlin
Tel.: 030/56 67 82
maria@muench.de

Möchten Sie mehr über mich wissen?
Dann blättern Sie noch einmal um.

Komplett aufgeklappt:

Mein Ziel …

… ist es, bei Ihnen als Marketingreferentin zu arbeiten. Mein Wissen, Engagement und meine Erfahrungen möchte ich sehr gern in den Dienst der Deutschen Bahn AG stellen …

Berlin, 5. Januar 2008

Meine wichtigsten Daten …

geboren am 11.11.1979 in Kassel
ledig, ortsunabhängig
Diplom in BWL und Politologie

Honorartätigkeit:
Werbeagentur ViP & Partner, Berlin, seit 9/2003

Praktika:
u.a. in den Bereichen Marketing, Incentives, Betriebsorganisation, Marktanalysen, (Olympus, Hoechst, Philipp Reemtsma)

Studienschwerpunkte:
Wirtschaftswissenschaften: Marktforschung, Marketingmanagement u. -instrumente;
Politologie: u.a. Organisationssoziologie, neue Managementkonzepte, Meinungsmanagement

Weiterbildung:
Teilnahme an div. Fachveranstaltungen

Sprachkenntnisse:
Französisch, Spanisch, Englisch

Meine Pluspunkte …

- entscheidungsstark
- selbstkritisch
- unternehmerisches Denken
- kundenorientiertes Handeln
- zukunftsorientiert mit Augenmaß für das Machbare
- überzeugende fachliche Voraussetzungen
- starke Lernbereitschaft

und nicht zu vergessen:

- großer Spaß an der Arbeit!

Ein enormer kreativer Einsatz – Maria H.

Nach einem Telefonat mit der Adressatin gibt das außergewöhnlich aufgebaute Anschreiben nicht nur Auskunft über die fachliche, sondern auch über die persönliche Qualifikation der Bewerberin.

Schön: die klare Struktur, durch die der Leser auf den ersten Blick konsequent und effektiv informiert wird. Der generelle Aufbau ist durchaus gelungen und überspielt recht geschickt, wie dringend die Kandidatin (ein Jahr nach Studienabschluss) eine Stelle sucht. Die Gehaltsvorstellung wird mutig benannt – wir wissen nicht, ob freiwillig oder als Reaktion auf den Anzeigentext, in der Form aber geschickt, weil recht offen (Nennen einer Spanne).

Das Deckblatt mit dem grafischen Namenszug und den Studienabschlüssen der Bewerberin ist vorteilhaft und ansprechend gestaltet.

Die gewählte Präsentationsform des Lebenslaufes ist großzügig auf drei Seiten untergebracht. Die Linien sind vielleicht nicht jedermanns Sache, gleichwohl verfügt die Bewerberin über außerordentliche Qualitäten, die sich grafisch bestimmt noch geschickter präsentieren ließen. Die Aufzählung der Hobbys verdeutlicht fast schon zu sehr, wie interessant diese Bewerberin ist. Die Dritte Seite ist ansprechend gestaltet, die Überschrift werbewirksam gewählt und der Text nimmt für die Kandidatin ein. Die Übersicht der Anlagen liest sich gut und legt geschickt den Schwerpunkt auf die beruflichen Erfahrungen (Angabe der Firmen).

Einschätzung
Eine recht interessante Bewerbungsmappe mit minimalem Verbesserungspotenzial im Layoutbereich.

Kurzbewerbung/Flyer

Zusätzlich haben wir noch eine Kurzbewerbung von Maria Münch vorgestellt, die als moderner »Flyer« daherkommt und hier in einem etwas verkleinerten Format wiedergegeben wird. Im Original füllt dieser Flyer ein komplettes DIN-A4-Blatt, vorder- und rückseitig bedruckt. Am PC und mit modernem Textverarbeitungsprogramm lässt sich so ein Flyer problemlos herstellen. Klicken Sie (bei Word) in der

Menüleiste auf »Datei«, dann auf »Seite einrichten«, »Papierformat« und zuletzt auf »Querformat«.

Um den Flyer auch aufklappen zu können, wird er von beiden Seiten bedruckt, indem Sie erst den Innenteil ausdrucken, das Papier umdrehen und dann die beiden äußeren Textabschnitte drucken lassen. Überhaupt: Die grafischen Gestaltungsmöglichkeiten sind recht vielfältig, die hier gewählte Form wirkt eher schlicht, erfüllt aber durchaus ihren Zweck. Größtes Problem bei dieser Art von Mini-Faltprospekt in eigener Sache ist die Notwendigkeit, mit wenig Text auszukommen. Wer sich dieser Herausforderung stellt und das Problem gut löst, hat wirklich die Essentials seines Angebots, seiner Dienstleistung herausgearbeitet (hoffentlich!).

Mit einem kurzen Begleitschreiben à la »Sie halten jetzt wahrscheinlich die leichteste Bewerbungsmappe der Welt in der Hand ...« kann man sogar hart gesottene Personalchefs überraschen. Trotzdem sollte diese im Posttarif äußerst günstige Variante nicht dazu verleiten, Hunderte von Flyern kopflos zu verschicken. Nicht die Quantität zählt schließlich, sondern die Qualität.

Geeignet sowohl als Kurz- wie auch als Initiativbewerbung, stellt diese Form der schriftlichen Kontaktaufnahme eine Alternative dar, die Aufmerksamkeit, Interesse und Neugier an Ihrer Person wecken kann. PC-Spezialisten sind in der Lage, sogar ihr Foto einzuscannen, andere arbeiten mit einem Laserkopierer, um das Foto an der richtigen Stelle zu platzieren. Es geht natürlich auch mit einem Originalfoto, das aufgeklebt wird.

Ein Flyer kann auch die Funktion einer Visitenkarte übernehmen, wenn es um Erstkontakte auf Messen geht, oder bei sonstigen Zusammenkünften mit potenziellen Arbeitgebern. Schnell bei der Hand und bequem verfügbar, ermöglicht er Ihnen, Ihre Werbebotschaft auf ansprechende Weise zu überreichen.

Präsentation – so gestalten Sie eine runde Sache

Ihre Vorbereitung hat zu überzeugenden schriftlichen Bewerbungsunterlagen geführt. Alles schnell in einen Umschlag, und ab geht die Post – denken Sie sich. Doch weit gefehlt: Nach einer gewissenhaften Durchsicht, ob alles in der richtigen Reihenfolge und unterschrieben ist, sollten Sie mit der gleichen Sorgfalt die Verpackung und den Versand vornehmen. Nur so stellen Sie sicher, dass einwandfreie, überzeugende Unterlagen bei dem Empfänger ankommen.

Verpackung – Stoffe und Farben

Sie haben alle Unterlagen für Ihre Bewerbung zusammengetragen. Der Stapel liegt vor Ihnen: blütenweiß (oder in dezentem Farbton), ohne Eselsohren, flecken- und fehlerfrei.

Nun gilt es, den kostbaren Stapel ästhetisch zu verpacken und auf den Inhalt neugierig zu machen. Lassen Sie sich in Ihrem Schreibwarengeschäft beraten, was Sie für eine ansprechende Präsentation nutzen könnten: edle Papiermappen, Klemmmappen oder Einlegesysteme (z. B. Thermo-Bindesysteme, Vollmappen, Spiralbindesysteme usw.) bieten sich je nach Bewerbungsvorhaben an.

Bei aller Kreativität: Denken Sie bei Ihrer Auswahl daran, dass Ihre Unterlagen für die Personalentscheider gut handhabbar sind und dass die Lesefreundlichkeit erhalten bleibt. Und zu perfekt ist auch nicht gut: eine Einlegemappe, in der jedes Dokument einzeln in Klarsichthüllen präsentiert wird, könnte Ihnen als Zwanghaftigkeit ausgelegt werden. Achten Sie auf die Farbauswahl: Rosa kommt oft nicht gut an, Weiß ist neutral, Dunkelblau oder Schwarz wirken eher konservativ, sind aber risikolos – schauen Sie, was für Ihren Bewerbungszweck passt, es existiert eine große Farbpalette. Verzichten Sie jedoch besser auf schrille Farben, Muster und alle Arten von Gags.

Bewerber für besser bezahlte Positionen achten sorgfältig auf das Material ihrer Präsentationsmappen. Glattes Plastik ist verpönt, natürliche Materialien sind in. Inzwischen gibt es dank des Ökotrends eine große Auswahl an farbigen und stabilen Pappen; eine sehr teure dreiteilige Pappmappe muss es nicht sein, das wirkt in den meisten Fällen übertrieben.

Versand – äußere Sorgfalt zählt

Überprüfen Sie gründlich, ob Ihre Unterlagen wirklich vollständig sind. Nehmen Sie einen Umschlag mit verstärktem Papprücken oder einen wattierten. Die Unterlagen müssen bequem darin Platz finden, der Umschlag sollte jedoch nicht zu groß sein, das könnte wichtigtuerisch wirken.

Das Anschriftenfeld und Ihr Absender sind mit der gleichen Sorgfalt zu behandeln wie Ihre Unterlagen. Achten Sie auf Ihre Handschrift, denn: Was vielversprechend aussieht, lässt auf ein vielversprechendes Innenleben schließen. Wer sich und seiner Handschrift einen derartigen Effekt nicht zutraut, beschriftet Etiketten (Aufkleber für Adresse und Absender) mit Schreibmaschine oder Drucker.

Für die Briefmarken gilt: wählen Sie, wenn möglich, Sonderbriefmarken und kleben Sie diese sorgfältig auf den Umschlag. Frankieren Sie richtig, nichts ist ärgerlicher, als wenn Ihr Adressat (Straf-)Porto zahlen muss.

Ferner: Auf den Umschlag gehören keine witzigen Bemerkungen, Abziehbildchen oder Politikaufkleber. Und: Wählen Sie keine Postsonderzustellung, wie zum Beispiel Einschreiben oder Eilzustellung. Das wirkt zwanghaft und aufdringlich.

Übergabe – der persönliche Eindruck

Wenn Sie am Ort Ihrer Bewerbung bzw. in der Nähe wohnen, haben Sie die Möglichkeit, Ihre Bewerbungsunterlagen persönlich abzugeben. Fragen Sie sich im Unternehmen bis zur richtigen Stelle durch. Gehen Sie nicht davon aus, dass man Ihnen viel Zeit widmet, meist wechselt man jedoch einige freundliche Worte mit Ihnen. Nutzen Sie die Gelegenheit zu einem kurzen Smalltalk mit demjenigen, der Ihre Unterlagen entgegennimmt. Das hinterlässt einen positiven Eindruck, der sich mit etwas Glück vorteilhaft auf Ihre Bewerbung überträgt.

Leitfragen zur Verpackung

- Der Inhalt Ihrer Bewerbung kann noch so gut sein, wenn Ihre Verpackung nicht stimmt, wird sie wahrscheinlich nicht positiv bewertet.
- Das Anschreiben liegt oben lose auf die Mappe. Es wird nicht eingeheftet!
- Falls Sie eine Mappe kaufen, wählen Sie besser eine aus Pappe als aus Plastik. Schnellhefter und Plastikmappen mit durchsichtigem Deckblatt, die instabil und flexibel sind, machen einen billigen Eindruck.
- Bei der Farbwahl: Hände weg von zu grellen, außergewöhnlichen Farben! Schwarz, Weiß, Grau oder Dunkelblau sind dagegen risikolos.
- Geben Sie sich mit der Beschriftung des Umschlags Mühe. Die ausführliche Anschrift und Ihr vollständiger Absender sind unbedingt erforderlich.
- Es wirkt professioneller, wenn Sie den Umschlag (durch Etikett) mit Maschine beschriften. Andernfalls per Hand mit sehr ordentlich geschriebenen (GROSS-)Druckbuchstaben.
- Verpacken Sie die Unterlagen in einen DIN-A4-Umschlag mit verstärktem (Papp-)Rücken, wählen Sie dabei möglichst einen weißen Umschlag.
- Versenden Sie Ihre Unterlagen als normale Briefpost, nicht per Express, Einschreiben-Rückschein oder gar als Wertbrief.
- Denken Sie an die ausreichende Frankierung!
- Prüfen Sie Ihre Unterlagen, bevor Sie den Umschlag zukleben: Stimmt die Reihenfolge der Unterlagen? Ist die Mappe vollständig? Haben Sie Anschreiben und Lebenslauf unterschrieben (bitte immer mit vollem Vor- und Zunamen)?

Leitfragen zur Gestaltung

- Gutes, mindestens 80 g weißes oder auch dezent getöntes Papier (z.B. grau, beige), unliniert im DIN-A4-Format.
- Papier nur einseitig beschreiben.
- Möglichst mit PC und gutem (Laser-/Tintenstrahl-)Drucker ausdrucken (Hinweis: auch in vielen Fotokopiergeschäften oder Schreibbüros können Sie Ihre Unterlagen in Top-Qualität ausdrucken).
- Kein Blocksatz; besser Flattersatz, das wirkt lebendiger.
- Unterschrift mit Füllfederhalter oder Tintenschreiber – am besten in Königsblau (Lebenslauf und Anschreiben).
- Nicht radieren, durchstreichen oder mit Tipp-Ex korrigieren. Immer neu ausdrucken!
- Rechtschreibung, Grammatik und Zeichensetzung müssen absolut korrekt sein.
- Übersichtliche, klare Gliederung.
- Gute Platzeinteilung und angemessene Ränder (ca. 4 cm links, ca. 3 cm rechts), keine Löcher in den Zeilen oder an deren Ende.
- Weder Flecken noch Eselsohren, kein zerknittertes Papier.
- Nur gute, neue Fotokopien verwenden,
- Als Original nur Anschreiben, *Lebenslauf* und ggf. eine Handschriftenprobe schicken.

Ihre Unterlagen haben nur eine Minute Zeit, um zu wirken!

Ein Personalentscheider nimmt sich bei der ersten Durchsicht nur wenig Zeit für Ihre Unterlagen. Viele behaupten, dass sie in weniger als einer Minute herausfinden, ob ein Bewerber interessant ist. Andere nehmen sich etwas mehr Zeit: zwei bis drei Minuten, ganz selten fünf!

Nur korrekt geschriebene Bewerbungsunterlagen überzeugen!

Nur wer grammatikalisch korrekt formuliert und weiß, wo ein Komma hingehört, hat gute Chancen. Fehlerhafte Bewerbungsschreiben werden schnell aussortiert. Bitten Sie deshalb nahe stehende Menschen (Freunde, Partner, Bekannte, Eltern etc.), Ihre Unterlagen zu lesen und zu korrigieren. Hier gilt: Vier Augen sehen mehr als zwei!

Fotokopieren Sie alle Unterlagen für sich!

Sie wissen dann genau, was Ihr Gegenüber von Ihnen »in der Hand hat«, falls Sie zum Vorstellungsgespräch eingeladen werden.

Absage – wie Sie das Steuer herumreißen

Antwortbrief

Es ist ratsam, sich bei einer Absage nicht gekränkt zu verhalten, sondern weiter selbstbewusst und aktiv vorzugehen.

Überlegen Sie, ob sich ein freundlicher Antwortbrief auf ein Absageschreiben lohnt. Das hängt davon ab, wie wichtig, wie interessant Ihnen die angebotene Position war bzw. ist und ob Sie weiterhin überzeugt sind, geeignet für diesen Aufgabenbereich zu sein.

Geben Sie in einem Antwortbrief Ihrem Bedauern Ausdruck und deuten Sie an, dass das Unternehmen sicher im besten Interesse entschieden hat. Fassen Sie noch einmal zusammen, warum Sie an dieser Arbeitsstelle besonders interessiert sind und was Sie zum Erfolg der Firma/der Institution hätten beitragen können.

Ein Absage-Antwortbrief – übrigens auch nach Absage auf ein Vorstellungsgespräch hin möglich – ist unter mehreren Aspekten sinnvoll:

- Sie waren ein Grenzfall bezüglich einer Einladung zum Vorstellungsgespräch und geben durch Ihren Nachfassbrief den positiven Ausschlag zu einer Kontaktaufnahme.
- Von den Wunschkandidaten ziehen einige kurzfristig ihre Bewerbung zurück, erscheinen nicht zum Vorstellungsgespräch etc., und man möchte mehr Bewerber sehen und vergleichen. Sie bieten sich durch Ihren Brief erneut an und zeigen besondere Leistungsmotivation und Persönlichkeit.
- Später: während der Probezeit erweist sich die Einstellung eines Mitbewerbers als Fehlentscheidung, Sie sind durch Ihr Engagement in positiver Erinnerung geblieben …
- Der Personalchef empfiehlt Sie weiter für andere Positionen im Unternehmen, die eventuell ebenfalls zu Ihnen passen.

Antworttelefonat

Auch der Griff zum Telefonhörer kann nach einer Absage einen Versuch wert sein. Auf diesem Weg erfahren Sie sofort, wie sich die Bewerberlage beim Arbeitsplatzanbieter darstellt. Sind wirklich 200 und mehr Bewerbungsunterlagen eingegangen, relativiert sich das Unglück, nicht unter den ausgewählten Kandidaten zu sein.

Zusätzlich erhalten Sie vielleicht Informationen über die Auswahlkriterien und können diese für spätere Bewerbungsaktivitäten nutzen. Ein gut verlaufendes Telefonat kann auch andere Türen öffnen und Interesse an Ihrer Person für andere mögliche Positionen im Unternehmen wecken. Nur Mut, es lohnt sich!

Bleiben Sie dran!

Stellen Sie sich in der Bewerbungsphase auf eine rasante Berg-und-Talfahrt Ihrer Emotionen ein. Ihre Grundhaltung sollte optimistisch sein und möglichst auch bleiben (zugegeben leichter gesagt als gelebt). Wer von vornherein denkt *»Ich bewerb mich da mal, denn irgendetwas muss ich ja unternehmen, um aus meiner Situation herauszukommen. Aber eigentlich hat das alles keinen Sinn, denn die werden mich doch nicht nehmen«*, kann sich den Aufwand, der mit Bewerbungen verbunden ist, sparen. Mit Ihren Bewerbungsaktivitäten werden Sie nur Erfolg haben, wenn Sie von Ihren Fähigkeiten überzeugt sind. Wie soll ein Arbeitsplatzanbieter Sie für geeignet halten, wenn ihm aus jeder Zeile Ihrer Bewerbungsunterlagen die Botschaft entgegenschlägt: *Ich bin nicht sicher/nicht ganz überzeugt/ich weiß nicht …?*

Ziehen Sie sich nach Absagen nicht ins stille Kämmerlein zurück, sondern reden Sie mit anderen darüber. Erzählen Sie Ihren Freunden davon und bitten Sie um ehrliches Feedback. Mindestens genauso wichtig ist der Rat von Bewerbungsexperten.

Ferner sollten Sie nicht alles auf eine Karte setzen. Das Geheimnis erfolgreicher Bewerber liegt in der Flexibilität und Vielseitigkeit. Beschränken Sie Ihre Suche nicht auf wenige Unternehmen und Positionen. Es ist wichtig, immer am Ball zu bleiben. Es gibt keinen Ersatz für Beharrlichkeit, Ausdauer und Durchhaltevermögen.

Was Sie noch wissen sollten …

Das Autorenteam Hesse/Schrader ist seit über 20 Jahren auf dem Sektor der Bewerbungsratgeber sowie zu weiteren Themen aus der Arbeitswelt publizistisch tätig und hat im Laufe dieser Zeit mehr als 160 Bücher veröffentlicht. Viele davon liegen auch als Taschenbuchausgabe vor.

Am Anfang stand die erstmalige Veröffentlichung aller gängigen sogenannten Intelligenztests und deren kritische Reflexion in dem Buch *Testtraining für Ausbildungsplatzsucher* (1985) – allein dies inzwischen mit einer Gesamtauflage von knapp einer Million Exemplaren. Ebenfalls Neuland zum Bereich »Überleben in der Arbeitswelt« erschloss ihr Buch *Die Neurosen der Chefs – die seelischen Kosten der Karriere.*

Beide Autoren verfügen über eine langjährige Erfahrung als Seminarleiter bei Test- und Bewerbungstrainings. Ein besonderes Interesse gilt der gewerkschaftlichen Bildungsarbeit in Form von Anti-Mobbing- und Konfliktmanagement-Seminaren. 1992 gründeten sie in Berlin das Büro für Berufsstrategie, das ausschließlich Arbeitnehmer in allen erdenklichen beruflichen Fragen berät und unterstützt. Mittlerweile gibt es Büros für Berufsstrategie auch in Frankfurt a.M., Stuttgart, München und Hamburg.

Ihr neuer Job fällt nicht vom Himmel. Bei allen Anpassungsleistungen und Bemühungen, einen Arbeitsplatzanbieter überzeugen zu wollen, möchten wir Sie hier doch auf unser Motto hinweisen:

Wir sind nicht auf der Welt,
um so zu sein, wie andere uns haben wollen.

Stichwortverzeichnis